# IoTシ

# プロジェクトがわかる本

## ― 企画・開発から運用・保守まで ―

西村泰洋 Yasuhiro Nishimura

# 本書内容に関するお問い合わせについて

このたびは翔泳社の書籍をお買い上げいただき、誠にありがとうございます。弊社では、読者の皆様からのお問い合わせに適切に対応させていただくため、以下のガイドラインへのご協力をお願い致しております。下記項目をお読みいただき、手順に従ってお問い合わせください。

**●ご質問される前に**

弊社Webサイトの「正誤表」をご参照ください。これまでに判明した正誤や追加情報を掲載しています。

正誤表　https://www.shoeisha.co.jp/book/errata/

**●ご質問方法**

弊社Webサイトの「刊行物Q&A」をご利用ください。

刊行物Q&A　https://www.shoeisha.co.jp/book/qa/

インターネットをご利用でない場合は、FAXまたは郵便にて、下記"翔泳社 愛読者サービスセンター"までお問い合わせください。
電話でのご質問は、お受けしておりません。

**●回答について**

回答は、ご質問いただいた手段によってご返事申し上げます。ご質問の内容によっては、回答に数日ないしはそれ以上の期間を要する場合があります。

**●ご質問に際してのご注意**

本書の対象を超えるもの、記述個所を特定されないもの、また読者固有の環境に起因するご質問等にはお答えできませんので、予めご了承ください。

**●郵便物送付先およびFAX番号**

送付先住所　〒160-0006　東京都新宿区舟町5
FAX番号　03-5362-3818
宛先　（株）翔泳社 愛読者サービスセンター

※本書に記載されたURL等は予告なく変更される場合があります。
※本書の出版にあたっては正確な記述につとめましたが、著者や出版社などのいずれも、本書の内容に対してなんらかの保証をするものではなく、内容やサンプルに基づくいかなる運用結果に関してもいっさいの責任を負いません。
※本書に掲載されているサンプルプログラムやスクリプト、および実行結果を記した画面イメージなどは、特定の設定に基づいた環境にて再現される一例です。


※本書に記載されている情報は2019年12月1日執筆時点のものです。

# はじめに

IoTシステムの導入は急速に進んでいます。

究極の品質や生産性を目指す、新しいビジネスやサービスを実現する、あるいは競合優位性を確立するなどのように導入の目的はさまざまです。

センサーからサーバーにデータを上げる小規模なシステムから、AIやビッグデータ分析なども実装する最新技術を結集した大規模なシステムまで、幅広い形態があることから人によって抱くイメージは異なります。

本書はIoTシステムの企画・開発から運用に携わる次のような方を読者として想定しています。

- IoTシステムのプロジェクトの企画者やプロジェクトマネージャー
- 既存の業務システムのIoT化を担当する方
- これからIoTシステムの開発に携わるエンジニア

今後、ますます導入が進んでいくことから、IoTシステムに知見を有する人材のニーズは高まっていくでしょう。

IoTシステムは物理的にはセンサーや無線機器などのさまざまなデバイス、ネットワーク、そしてクラウドやオンプレミスのサーバーなどから構成されます。

その組み合わせは実に多様で、まったく同じものを見出すのは難しいシステムですが、実はプロジェクトの進め方や留意点においては共通点があります。本書を通して、そうした共通点をしっかり理解しておき、システムを導入する際につまずいてしまうことを防いでいただければと思います。

是非、本書ならびにそのほかの優れた情報を参考としていただき、多くの方に現在や近未来のIoTシステムに携わっていただけることを祈っております。

# CONTENTS


はじめに ―― iii

Chapter 1 IoTシステムの基本 1

1.1 IoTシステムとは何か？ ―― 2

IoTシステムを構成するもの …… 2
IoTシステムを物理的にとらえる …… 2
IoTシステムの特徴 …… 4
IoTシステムを利用者の視点でとらえる …… 4

1.2 IoTシステムの構造 ―― 5

最もシンプルな3階層のモデル …… 5
より細かくとらえた5階層のモデル …… 6
7階層のリファレンスモデル …… 7
5階層は物理的にわかりやすい …… 8
階層で考えるメリット …… 9
3階層はシンプルでよい …… 9

1.3 従来型の業務システムとの違い ―― 11

クライアント端末の違い …… 11
データ入力の違い …… 13
ネットワークの違い …… 14
導入前に基本的な違いを押さえておく …… 14

1.4 IoTシステムの実装 ―― 15

3つの実装形態 …… 15
新システムとしてのIoT …… 15
既存の業務システムのIoT化 …… 16
業務支援システムとしてのIoT …… 18

1.5 急拡大する国内IoT市場 —— 19
IDC Japanの市場予測 …… 19

1.6 クラウドが変えたユビキタスからIoTへの移行 —— 21
デバイスの革新（1）カメラ …… 21
デバイスの革新（2）各種センサーの低価格化 …… 22
ネットワークの革新 …… 22
クラウドの浸透 …… 22
IoTシステムはこれからが面白い …… 23

1.7 AIとIoTの関係 —— 24
IoTにおけるAIの利用シーン …… 24
ディープラーニングによる画像の認識 …… 24
機械学習による判断 …… 26
拡大するAIの活用 …… 26

Chapter 2 業務システムとIoTシステムのプロジェクトの違い 27

2.1 プロジェクト推進上の特徴 —— 28
システムをブロックでとらえる …… 28
新しさと多様性を理解する …… 28

2.2 プロジェクト計画の特徴 —— 29
業務システム開発プロジェクトの例 …… 29
IoTシステムとの相違点 …… 30
システム企画という新たなタスク …… 31

2.3 プロジェクト立ち上げの特徴（1）システム構成の多様性 —— 33
目的、用途、機能から考える …… 33
最もシンプルな構成例 …… 33
デバイスが複雑な構成例 …… 35
異なるのはデバイスの機能 …… 36

2.4 プロジェクト立ち上げの特徴（2）新たなサービスか否か 38
自社での利用に限定されたシステム 38
新たなサービスのシステム 38
2.5 システム開発工程の違い 39
業務システムの開発工程 39
システム企画の工程 40
IoTにおけるシステム企画の重要性 40
2.6 PoCの必要性 43
新しい技術の学習 43
実物を使ったPoC 43
システム企画工程での位置づけ 44
2.7 チーム体制の違い 45
PoCは誰が担当するのか 45
システム企画者がPoCを行わない理由 46
2.8 データを「捨てる」という発想 47
捨てられるデータの例 47
データを残すこともある 48
捨てられるデータは捨てる 48
2.9 IoTによる新たなビジネスの企画 50
ビジネス企画の例 50
IoTシステムからビジネスを検討する時代に 51
2.10 企画者やプロマネの心構え 52
すべてを知ろうと思わないこと 52
知っておくべきことのレベル 52
企画者やプロマネに必要な心構え 53
COLUMN マイコンの専門的な知識は必要か 55

## Chapter 3 IoTシステムを構成するデバイス 57

3.1 IoTシステムの構成要素 ― 58
階層間の通信も含めたシステム構成 …… 58

3.2 デバイスとセンサーの概略 ― 60
やりたいことから考えるとわかりやすい …… 60
主なデバイスとセンリー …… 61
位置や動きをとらえるデバイス …… 61
モノ、人、環境に影響を与えるデバイス …… 62
IoTには上りと下りがある …… 62

3.3 単体駆動のデバイス「加速度センサー」と「ジャイロセンサー」 ― 63
動きを検知する加速度センサー …… 63
傾きを検知するジャイロセンサー …… 64

3.4 複数構成のデバイス「GPSセンサー」 ― 65
現在地をとらえるGPSセンサー …… 65

3.5 複数構成のデバイス「ビーコン」 ― 67
電波で位置を把握するビーコン …… 67
ビーコンは大きな意味で2種類ある …… 69

3.6 電波強度とは何か？ ― 71
電波強度の計算式 …… 71
電波強度の測定 …… 72

3.7 複数構成のデバイス「RFID」 ― 73
RFIDとは？ …… 73
自ら無線波を発するアクティブタグ …… 75

3.8 複数構成のデバイス「Zigbee」 ― 77
Zigbeeデバイスの活用法 …… 77
各デバイスの特徴を把握しておくことが重要 …… 78

3.9 画像の認識 79
画像認識の対象 79
画像の取得前に調整すること 79
画像認識の基本 80
必要とされる画素 80
色の識別はHSVモデルが主流 81
3.10 音声の認識 82
音声認識と音響認識 82
音声認識デバイスの例 82
センサーとしての音声認識 83
3.11 環境の状況の数値化 84
工場などで使われる温湿度センサー 84
農場などで使われる$CO_2$センサー 84
車載用が多い日射センサー 85
環境を測定するセンサーには限りがない 85
3.12 人体の状況の数値化 86
スマートウォッチに搭載される心拍数センサー 86
体に貼り付ける体温センサーほか 86
その他のセンサー 86
COLUMN 学習のすすめ 87
Chapter 4 IoTシステムを構成するネットワークとサーバー 91
4.1 業務システムにおけるネットワーク 92
クラサバシステムのネットワークの基本はLAN 92
サーバーによるクライアントの識別 93
IoTデバイスはIPアドレスを持たない 94
ゲートウェイ以降はクラサバと同じ 95
サーバーとクライアントとのデータのやり取り 96
IoTのアプリケーション層のプロトコル 97

4.2 IoTシステムにおけるネットワーク ―― 98
デバイスとゲートウェイ・エッジ間の通信 …… 98
利用されるネットワークの種類 …… 98

4.3 デバイスとゲートウェイ間の通信 ―― 100
BLEによる通信 …… 100
参考 電波の干渉を防ぐしくみ（1）チャネルの割り当て …… 100
参考 電波の干渉を防ぐしくみ（2）キャリアセンス …… 101
Wi-Fiによる通信 …… 102
RS-232CとUSB …… 103

4.4 ゲートウェイとエッジ ―― 104
ゲートウェイとは？ …… 104
ゲートウェイの3つの機能 …… 104
物理的な存在としてのゲートウェイ …… 105
エッジの機能 …… 106
物理的な存在としてのエッジ …… 107
エッジが実行する処理 …… 107
エッジとゲートウェイは分けるべきか？ …… 108

4.5 データ形式と変換 ―― 110
ゲートウェイで変換されるデータ形式 …… 110

4.6 エッジとサーバー間の通信 ―― 112
自社サーバーの活用なら企業内イントラネット …… 112
スマホの活用ならキャリアネットワーク …… 112
少ないデータ量ならLPWA …… 112
ISPも候補に …… 113

4.7 LPWAの規格とサービス ―― 114
主要なLPWA …… 114
LPWAの現在 …… 115

4.8 Sigfoxの特徴 ―― 117
Sigfoxとは？ …… 117
利用料金の例 …… 119
屋内での利用 …… 119

LoRaとSigfox ........ 120
COLUMN 注目のデバイス、メッシュWi-Fi ........ 121

Chapter 5 企画の留意点（1）デバイス 123

5.1 システム企画の作成 —— 124
システム企画で明らかにすること ........ 124
システム企画書の必須項目 ........ 124
2つのプロジェクトマネジメント ........ 125

5.2 システム化の目的とシステム概要 —— 127
やりたいことの明確化（例1） ........ 127
目的と施策を整理する ........ 128
やりたいことの明確化（例2） ........ 129
想定効果やコストとの関係 ........ 130
システム概要を検討するための視点 ........ 131

5.3 デバイスを対象から考える —— 132
対象は大きく分けて3つある ........ 132
対象の明確化 ........ 133
動的か静的か ........ 133

5.4 デバイスを空間と利用シーンから考える —— 135
さまざまなタイプの空間 ........ 135
空間からネットワークを考える ........ 136
さまざまな利用シーン ........ 136

5.5 デバイスで確認すべき仕様 —— 138
確認すべき仕様と性能 ........ 138

5.6 デバイスの電源、動作温度、無線局申請の要否 —— 140
電源の確保 ........ 140
動作温度の確認 ........ 141
物理的な設置状況も考慮する ........ 141
無線局申請の要否 ........ 142
システム企画時に確認する習慣を ........ 143

5.7 チェックリスト作成のすすめ 144
チェックリストの例 144
COLUMN 唯一の敗戦から学ぶ 146

Chapter 6 企画の留意点（2）ネットワークとサーバー 149

6.1 サーバーで実行する処理 150
IoTシステムの典型的な処理 150
業務システムと共通の処理 151
共通処理は必須、特徴的な処理こそ検討を 153

6.2 データフローを描く 154
データフローの作成 154
ワークフローも併せて作成 155

6.3 クラウドの活用 156
クラウドのメリット 156
クラウドのデメリット 157
クラウド活用時に留意すべきポイント 157
クラウドの3つの主流のサービス 158

6.4 サーバーの性能見積もり 159
性能見積もりの3つの方法 159
業務システムのサーバーの性能見積もりの例 160
最低限押さえるべき数値 162

6.5 新規のネットワークを構成する 163
クライアントPCのネットワークの帯域 163
デバイスのネットワーク帯域の例 163
帯域への負荷から考える 164
LPWAによるネットワーク構成 165

6.6 開発方針の検討（1）IT戦略との整合性 168
自社開発かサービス利用か 168

OSの選択 …… 168
IT戦略とIoTシステム …… 169
自社開発／サービス利用とOSの関係 …… 169
自社の現在地に合わせる …… 170
クラウド大手のIoTサービスの考え方 …… 170
大手のサービスをレイヤーで確認する …… 171
デバイス開発とOS …… 173

6.7 開発方針の検討（2）自社開発部分の明確化 —— 174

どこまでが自社開発か？ …… 174
両方の活用がお勧め …… 175
サービス利用のインパクト …… 176
企画書の例 …… 176

Chapter 7 開発の留意点（1）デバイス 181

7.1 基準点を設定する —— 182

通信距離の意味 …… 182
電波暗室で測定する …… 182
簡易な計測方法 …… 183
実際の測定 …… 184
実測をする理由 …… 185
現場での基準点の設定 …… 186

7.2 レスポンスタイムの確認 —— 187

レスポンスタイムの測定 …… 187
レスポンスタイムが重要な理由 …… 187
通信範囲とレスポンスタイムをセットで …… 190
レスポンスタイムとレイテンシー …… 190
レイテンシーの測定も必須 …… 191

7.3 デバイスのデータ送受信の接続シーケンス —— 192

スマートウォッチで脈拍をとる …… 192
BLE接続の処理の流れ …… 193
処理の流れを押さえることの重要性 …… 194

参考 RFID（13.56MHz、UHF帯）の処理の流れ ............ 195
シーケンスから原因を明らかにする ............ 195
参考 BLE 4.2の接続シーケンス例 ............ 196
参考 最もシンプルなビーコンデバイスの例 ............ 197

7.4 無線デバイスの最適化 ―― 198
2つの最適化手法 ............ 198
ハードウェアの基本性能を上げることはできない ............ 198

7.5 ハードウェア最適化 ―― 200
出力制御で通信距離を調整する ............ 200
システム構成で最適なハードウェアを確認する ............ 201
設置位置を調整する ............ 201
対象への貼付方法・貼付位置を修正する ............ 202

7.6 ソフトウェア最適化 ―― 203
通信間隔を調整する ............ 203
リトライ制御で接続を確実にする ............ 203
コマンド最適化で無駄をなくす ............ 204

7.7 データの整形 ―― 205
データ変換で形式や単位を変える ............ 205
データの圧縮・軽減で負荷を減らす ............ 206
データ補正で不要な部分を除去する ............ 206
データ欠損対策 ............ 206

Chapter 8 開発の留意点（2） ネットワークとサーバー 209

8.1 処理方式の検討 ―― 210
スケールアップとスケールアウト ............ 210
スケールアウトを想定した方式 ............ 210
カメラの設置を確認する ............ 212

8.2 データベースの選定 ―― 213
データベースの種類 ............ 213

RDBが常に適切なわけではない …… 213
目的に応じてDBやツールを選定する …… 215

8.3 データ分析をどこまでするか？ —— 216
IoTシステムでの分析 …… 216
基本的な分析 …… 216
よくある分析（1）相関 …… 217
よくある分析（2）移動平均 …… 218
各種の工学の関数との連携 …… 219
3点測量での測位 …… 219
システム企画者、プロマネとして …… 220

8.4 時刻の同期 —— 221
NTPサーバーで時刻を同期 …… 221
デバイスとの時刻の同期 …… 222

8.5 システムとしてのシーケンスとレイテンシー —— 223
シーケンスの2つの考え方 …… 223
シーケンスとレイテンシーの例 …… 224

8.6 AIとの関係 —— 225
AIシステムの3つの傾向 …… 225
提供済みのアルゴリズムとデータを勧める理由 …… 226

8.7 外部システムやオープンデータの活用 —— 228
Web APIでデータを入手する …… 228
データ入手の典型的な方法 …… 228
APIの入手がすべてではない …… 229

8.8 開発工程でのリスク管理 —— 230
デバイスの課題 …… 230
サーバー側での課題 …… 231
プロジェクトとしての問題 …… 232

COLUMN ビッグデータ分析という言葉の罠 …… 234

Chapter 9 PoCの留意点 237

9.1 PoCで押さえること 238
PoCの目的 238
なぜ「おそらく」なのか？ 238
PoCで実証したいこと 240
性能と並ぶ重要な項目 240

9.2 PoCのポイントとスケジュール 242
PoCと学習を一緒にしてはならない 242
PoCで検証される項目の例 242
PoCのスケジュール 243
準備作業の内容 244
準備作業が決め手 244
現場でのPoC 245
分析と評価 245

9.3 素の性能と現場の性能の差 247
無線デバイスの性能の減衰 247
レイテンシーでも違いがある 247

9.4 PoCはテスト工程に続く 248
テスト工程との関係 248
3つの性能の差 249

9.5 他社と共同でPoCを行う際の留意点 250
契約書を交わしているか 250
提携交渉のステップ 250

Chapter 10 IoTシステム事例 253

10.1 Raspberry Piでの開発の例 254
Raspberry Piとは？ 254
Raspberry Piでやりたいこと 255
Raspberry Piの作業環境 255

AI環境ならびに開発環境の構築 257
プログラムの動作 258
サンプルコードの例 258
物理的な実装の例 259
作業工数の目安 260
デバイス側で処理する傾向 261
現在のIoTやAIシステムの開発 261

10.2 農業におけるIoTシステムの例 262

システム化の目的 262
IoTシステムならではの貢献 263
システム概要をつかむ 265
各センサーの種類と役割 265
センサーが再現する細かいノウハウ 267
ハウス内でカメラを使わない理由 268
クラウド側での管理 268
装置の制御とシステム構成 269
アプリケーションの特徴的な機能 270
IoTシステムが農業経営を変える 270
IoTシステムに必須の資料 270
ドキュメント作成を忘れずに 272

Chapter 11 運用管理とセキュリティ 273

11.1 稼働後の管理 274

運用管理とシステム保守 274
障害の影響 275

11.2 運用管理 277

運用管理の主要な業務 277
運用監視として行うこと 277
デバイス管理の例 279
システムの追加・変更として行うこと 279
障害対応として行うこと 280
開発工程でのプロマネの指示 280

11.3 障害対応の方向性 ―――― 281
SLAの指標 …… 281
交換を急がないデバイスもある …… 282
使い捨ての発想 …… 283

11.4 IoTシステムを最速で立ち上げる ―――― 284
クラウド⇒ネットワーク⇒デバイスの順に考える …… 284
運用管理の容易性 …… 285

11.5 日本のセキュリティ対応 ―――― 286
国のセキュリティ対応 …… 286
IoT機器へのサイバー攻撃件数 …… 287
IoTセキュリティガイドライン …… 288

11.6 セキュリティ対策の前提 ―――― 290
守りたいものとセキュリティ脅威 …… 290
データの分類 …… 291
情報セキュリティポリシーを構成する要素 …… 292
IoTシステムでも基本は同じ …… 292

11.7 セキュリティ対策 ―――― 294
業務システムのセキュリティ対策 …… 294
サーバーやネットワークでの対策 …… 295
アクセス制御による対策 …… 295
クライアントでの対策 …… 297
IoTシステムのセキュリティ対策の基本 …… 297
IoTシステムに特有の対策例 …… 298
IoTシステムでも基本に忠実に …… 298
セキュリティ対策のチェック …… 299
セキュリティを考えたネットワーク構成 …… 300
サーバー側でのセキュリティ …… 301

おわりに ―――― 303

INDEX ―――― 304

## 会員特典データのご案内

本書の読者特典として、IoTシステム導入の際に役立つ「システム企画書」や「システム構成図」などをご提供いたします。会員特典データは、以下のサイトからダウンロードして入手いただけます。

https://www.shoeisha.co.jp/book/present/9784798163710

※会員特典データのファイルは圧縮されています。ダウンロードしたファイルをダブルクリックすると、ファイルが解凍され、利用いただけます。

**●注意**

※会員特典データのダウンロードには、SHOEISHA iD（翔泳社が運営する無料の会員制度）への会員登録が必要です。詳しくは、Webサイトをご覧ください。

※会員特典データに関する権利は著者および株式会社翔泳社が所有しています。許可なく配布したり、Webサイトに転載することはできません。

※会員特典データの提供は予告なく終了することがあります。あらかじめご了承ください。

**●免責事項**

※会員特典データの記載内容は、2019年12月1日現在の情報に基づいています。

※会員特典データに記載されたURL等は予告なく変更される場合があります。

※会員特典データの提供にあたっては正確な記述につとめましたが、著者や出版社などのいずれも、その内容に対してなんらかの保証をするものではなく、内容やサンプルに基づくいかなる運用結果に関してもいっさいの責任を負いません。

※会員特典データに記載されている会社名、製品名はそれぞれ各社の商標および登録商標です。

Chapter 1

# IoT システムの基本

IoT システムはすでにさまざまなシーンで活用が進んでいます。
一言で「IoT」といっても、
システムとして実装される姿は多種多様です。
IoT システムは今後ますます増えていくといわれています。
本章では、その特徴や構造、実装の形態、
従来型の業務システムとの違い、AIとの関係など、
基本的なポイントを解説します。

IoT System

# 1.1 IoTシステムとは何か？

あらゆるモノがインターネットにつながるといわれるInternet of Things（通称IoT）は、さまざまな情報通信技術を集めた複合的なシステムです。20年くらい前から使われてきた言葉ですが、スマートフォンの登場以降は共通認識が得られるようになりつつあります。

## IoTシステムを構成するもの

**IoT（Internet of Things）**は、あらゆるモノがインターネットにつながることで、いつでもどこでも必要な情報やデータを取得することができ、その場で自動的に処理を実行することができるシステムです。

各種のデータを取得する**デバイス**、主に無線やインターネットの**ネットワーク**、データを蓄積して分析する**プラットフォーム**と**アプリケーション**から構成されます。

実際にはデータを取得したい、あるいは処理実行の指示をかけたいモノに対して接続するので、あらゆるモノというよりは必要なモノというほうが適切かもしれません。また、「いつでもどこでも」といっても、ネットワーク接続ができる環境であればという前提条件があります。

## IoTシステムを物理的にとらえる

IoTシステムを物理的に最もシンプルにとらえると、次の3つのブロックで構成されます。

- 各種のデータを取得する**デバイス**や関連する**専用のハードウェア**

- フレキシブルな接続を可能にする**クラウド環境のサーバー**
  あるいは企業や団体の内部にある**オンプレミスのサーバー**
- それらを結ぶ無線やインターネットを中心とする**ネットワーク**

さらに、デバイスはその特性から次の２つに分かれます。

- データ取得からネットワーク接続まで統合された**単体のハードウェアで実行するタイプ**
- データ取得、データ集約、データ選定、ネットワーク接続などの機能に応じて**複数台のハードウェアに分けるタイプ**

単体で実行するタイプの典型的な例はスマートフォンです。

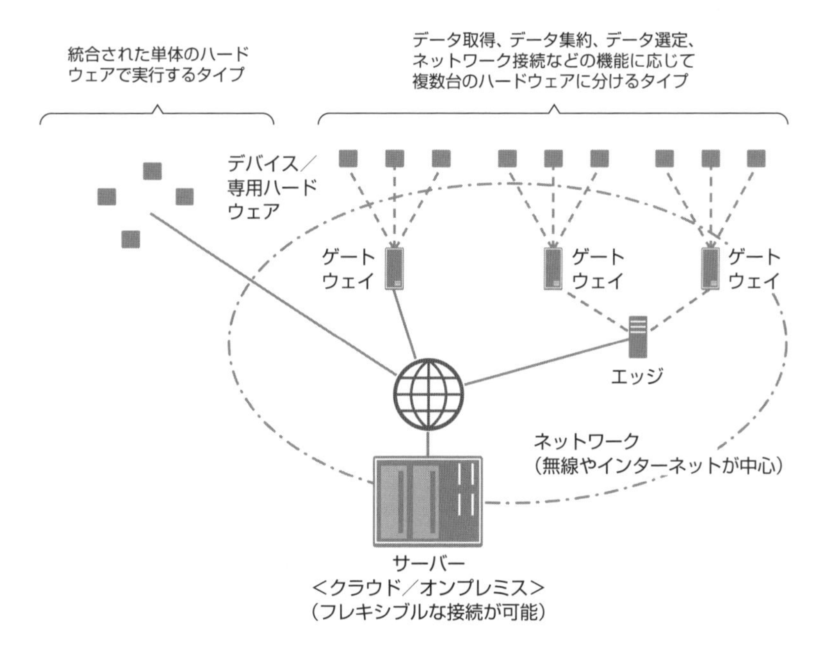


◆図 1-1　IoT システムのイメージ

複数機能に分けるタイプは一言でデバイスと呼ばずに、センサー、ゲートウェイ、エッジ（「エッジコンピューティング」ともいわれ、本書では以下「**エッジ**」と呼びます）のように機能に応じて使い分けています。

##  IoTシステムの特徴

IoTは複合技術としての幅の広さ、種類の豊富さの観点ではこれまでのシステムとはまったく異なります。扱うデータも多様化していて、IDやテキストデータに加えて、環境の状況を示す数値、位置情報、画像、音声などさまざまです。動くモノや人もマネジメントできるシステムで、それらの変化の有無もとらえることができます。

**人の五感を広げるシステム**と考えてもよいでしょう。

##  IoTシステムを利用者の視点でとらえる

IoTを利用者の視点で考えると、データが自動的に取得され、蓄積されたデータを見たいときに閲覧できるだけでなく、データの分析結果も確認できるシステムであることが大半です。

私たちの身の回りでいえば、スマートフォンに内蔵されているセンサーやスマートウォッチなどで取得したデータをアプリ経由でサーバーに転送し、整理された結果を閲覧する、ドライブレコーダーが撮影した映像をサーバーにアクセスして閲覧するなど、すでにさまざまなシーンでIoTシステムが活躍しています。

産業界では効率化や生産性の向上のみならず、人手不足の解消、販売促進、故障の予防や予兆の感知のほか、これまでのシステムを超える視点から展開されています。

システムやサービスを提供する側の視点では、人間が取得できない情報やデータを取得でき、蓄積された膨大なデータの分析から精度の高い判断を下したり、新たな価値を生み出したりできる画期的なシステムです。

# 1.2 IoT システムの構造

IoTシステムでは、デバイスやセンサーで取得した各種のデータが、ネットワークを通じてクラウド環境などにあるサーバーに送られます。サーバー側ではデータの蓄積や分析が行われて、これまでにない機能を提供します。IoTシステムは物理的に大別すると3階層になっていますが、5階層や7階層など細かくとらえることもできます。階層の考え方は個人の情報システムに関する経験や期待で異なりますが、ここであらためて整理をしておきます。

## 最もシンプルな3階層のモデル

ここまでは図1-2のように、デバイス/センサー、ネットワーク、サーバー/クラウドからなる最もシンプルな3階層のモデルで説明を進めてきました。

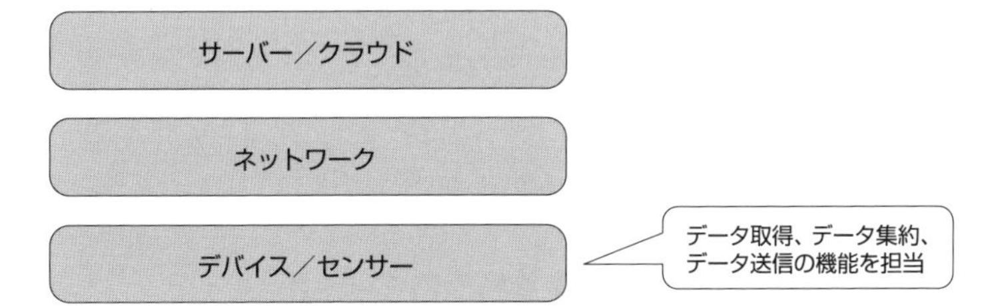


◆図1-2 3階層でとらえたIoTシステム

これは最も簡単な階層になりますが、ベテランのエンジニアが比較的よく抱いている考え方です。というのは、現在のIoTシステムのほぼ原型となるユビキタスシステムが3階層で語られていたことが背景にあります。

図1-3は十数年前に筆者が作成した資料ですが、当時のユビキタスシステムの構造についての一例を示しています。

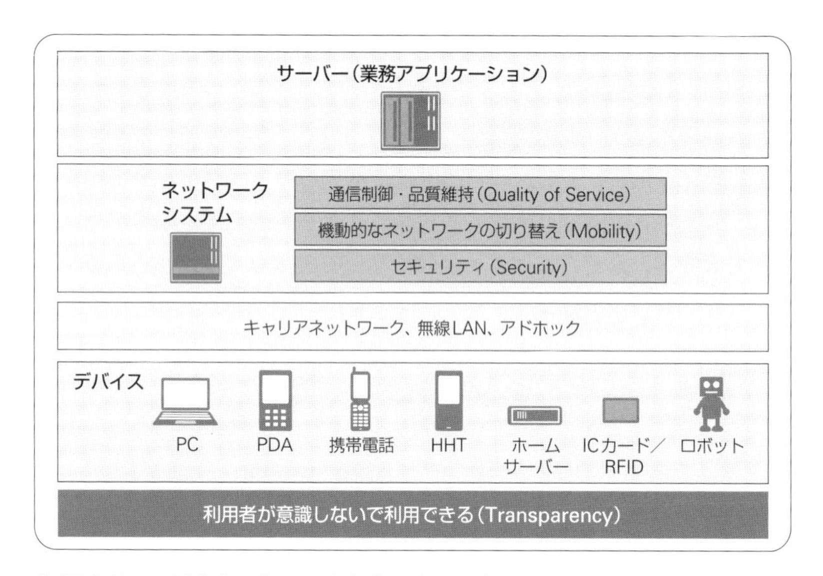


◆**図1-3　ユビキタスシステムとネットワーク**

出典：西村泰洋『RFID＋ICタグ　システム導入・構築　標準講座』（翔泳社）

当時は現在と異なり、クラウドが一般的な時代ではなく、デバイスとネットワークのレイヤーに重点が置かれていました。

## より細かくとらえた5階層のモデル

5階層で考える場合、デバイスを**センサー**、**ゲートウェイ**、**エッジ**に分けます。センサーはデータの取得を、ゲートウェイはデータの変換や集約を、エッジはデータの送信ならびにサーバーの一部機能の代行をします。

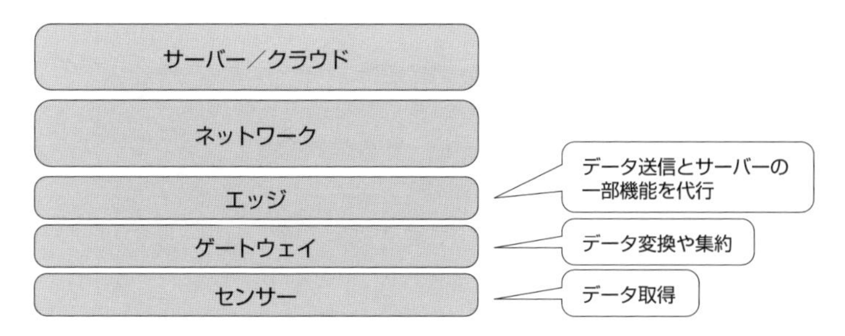


◆図1-4　5階層でとらえたIoTシステム

まず、センサーからゲートウェイにデータが集められます。ゲートウェイではデータ集約だけでなく、データ形式の変換などを行うこともあります。

エッジは、機能を一部代行することでサーバーやネットワークの負荷を軽減します。エッジでデータの選別をしてからサーバーにアップロードする処理などが例として挙げられます。

## 7階層のリファレンスモデル

ここまで物理的な観点からIoTシステムのレイヤー分けを見てきましたが、**アプリケーション**や**ビジネスプロセス**まで含めると7階層で語られることがあります。

ここでは7階層のモデルを紹介しておきます。これは、シスコシステムズなど北米の大手企業を中心として組織されているIoT World Forumが提唱しているリファレンスモデルです。

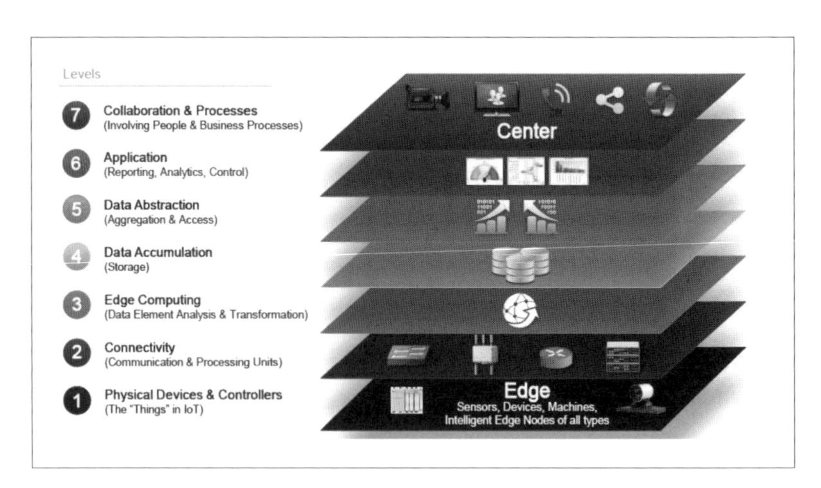


**◆図1-5　7階層でとらえたIoTシステム**

出典：cdn.iotwf.com/resources/72/IoT_Reference_Model_04_June_2014.pdf

このリファレンスモデルは、物理的にはデバイスとゲートウェイ（①）、エッジへの接続（②）、エッジ（③）、サーバー内での処理（④〜⑦）の4階層で構成されています。④〜⑦の内訳は、データ集積・集約（④）、データ抽出（⑤）、アプリケーション（⑥）、人やビジネスのプロセス（⑦）とされています。

この7階層を簡単に表現するのであれば、人やビジネスのプロセスがあって、システムのアプリケーションとデータがあり、そのデータはデバイスからネットワーク経由で集まってくると考えるとわかりやすいかもしれません。ビジネスまで含む大きな視点で整理されているので参考になります。

## 5階層は物理的にわかりやすい

ここまで物理的な視点で、3階層、5階層の考え方を解説してきました。また、参考としてビジネスまで含めた7階層のモデルも見てもらいました。

物理的にわかりやすいのは、ゲートウェイやエッジの存在も明確にしている５階層のレイヤーです。本書ではこの後、５階層のモデルを意識してそれぞれの階層の有無や機能を明確にして解説を進めていきます。しかしながら、３階層や７階層などの考え方もあることは意識しておいてください。

## 階層で考えるメリット

階層で考えるメリットは、わかりやすいことだけでなく、システムの企画ならびに開発の際の考え方や進め方にスムーズにつながるということがあります。

さらに、私たちの生活も含めてさまざまなシーンでシェアリングが進んでいますが、システムの世界でも自らすべてを開発して運用するのではなく、時間やスピードの観点で他社のサービスを有効活用することも求められています。

IoTシステムの特定の階層の開発は他社に依頼する、あるいは他社のサービスを使うなどの検討を進めやすいというメリットもあります。

## ３階層はシンプルでよい

筆者は個人的には、次の理由から３階層をお勧めしています。

### ▶ ゲートウェイやエッジはデバイスやセンサーに依存する

例えば、スマートフォンや通信機能つきドライブレコーダーであれば、デバイスがデータ取得、集約、送信の機能をすべて保持しています。

**ICタグ**などでは、ICタグとタグのデータを読み書きする**リーダライター**が対になってデバイスを構成し、それらからデータを受け取るPCがゲートウェイとなります。PCがゲートウェイですから、エッジの機能も果たすことができます。このように、デバイスそのものの仕様でエッジまでどうするかがほぼ決まってしまうことから、ゲートウェイやエッジも「デバイス」に含めることも可能なのです。

さらに、後述しますが、近年の傾向としてはセンサー自体にゲートウェイやエッジの機能も持たせた実装も出てきています。

### ▶ シンプルに考えることができる

サーバーとサーバーに至るネットワーク以外はデバイスと考えると、システム全体をシンプルに考えることができます。

### ▶ システム開発と体制が同じ

開発プロジェクトのチーム編成の観点では、デバイス、ネットワーク、サーバーの３つのブロックが中心となります。ゲートウェイ、エッジなどでチームが分かれることは現実にはほとんどありません。

３階層モデルには以上のようなメリットがありますが、ご自身のイメージしやすいモデルを優先すればよいでしょう。いずれを選択するにしても、プロジェクトメンバーで共通認識を持つことが重要です。

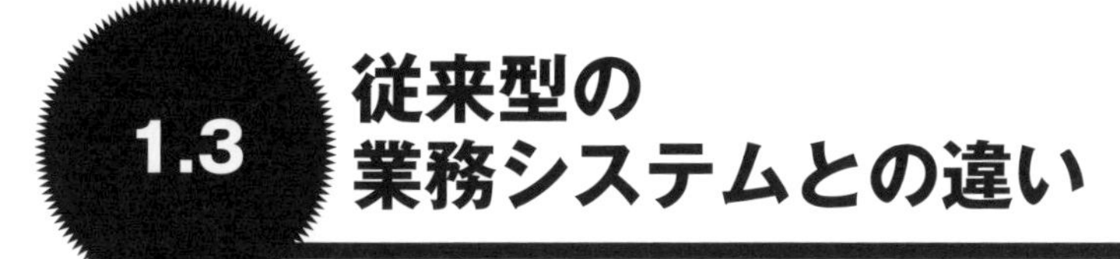

# 1.3 従来型の業務システムとの違い

従来型の業務システムは、利用者が操作するPCなどのクライアントと集中処理を行うサーバーを組み合わせたクライアントサーバー（クラサバ）システムが主流です。ネットワークも企業内に整備されたLANを前提とすることが多いです。一方、IoTシステムではさまざまなデバイスが自動的にデータを取得するのが基本です。

## クライアント端末の違い

企業や団体で利用されている業務システムの多くは、**PCをクライアントとしてサーバーで集中処理**をする**クラサバシステム**です。

現在ではクライアントもデスクトップやノートブックなどのPCだけでなく、タブレットやスマートフォン、さらに専用の入力デバイスなどに広がっていますが、依然としてPCがクライアントの中心的な存在です。

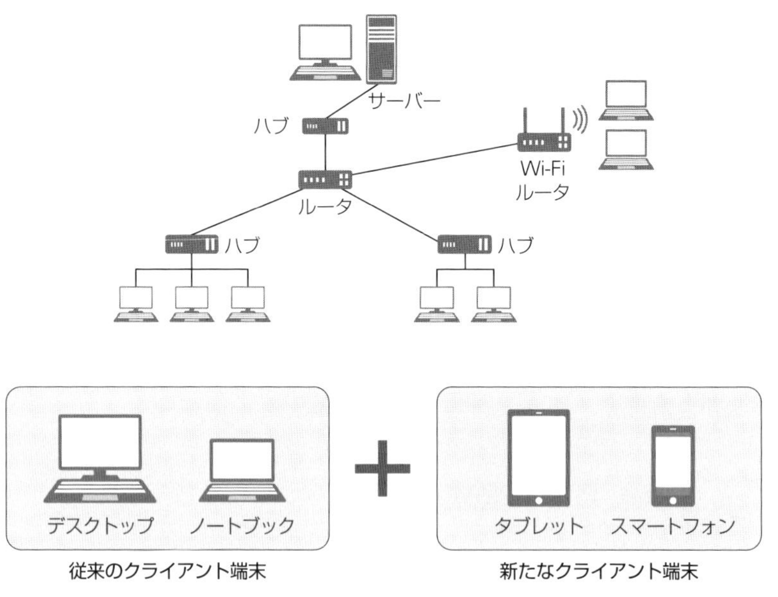


**◆図1-6　クラサバシステムとクライアント端末**

もちろん、サーバーもシステム更新などを機にクラウド環境に移行する例も増えています。新規の業務システムであればクラウドで開始することもあります。このように、人間が操作するクライアント端末を前提としてシステムのサービスが設計されているのが、従来型の業務システムです。

一方、IoTシステムでは、センサーなどの各種のデバイスがデータを取得するので、PCとサーバーのような定型のパターンではなく、**無数のパターンのハードウェア構成**が考えられます。

従来型の業務システムでもIoTでもサーバーは必要不可欠ですが、データ入力の部分は大きく異なります。

## データ入力の違い

PCなどのクライアント端末を操作する人間がデータを入力するのも、従来型の業務システムの特徴です。対してIoTでは、**デバイスによる自動的なデータ取得**が主流です。

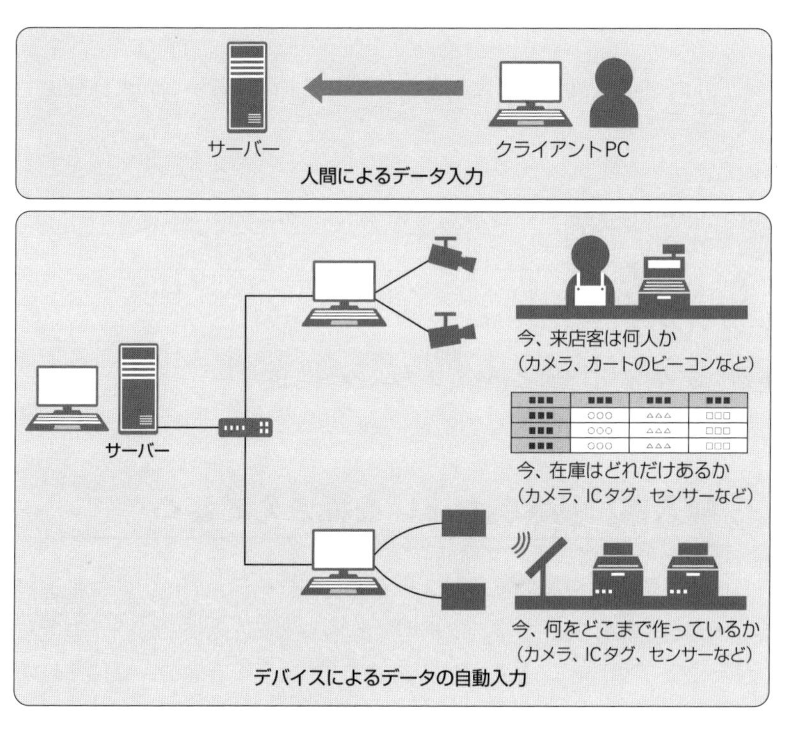


◆図1-7 データの入力と自動取得

## ネットワークの違い

ネットワークに関しては、業務システムでは企業や団体の内部のLANが中心です。もちろん無線LANによるクライアント端末の接続も増えています。対してIoTではLANの場合もありますが、むしろ**無線やインターネットが中心**です。

ここで、これまで見てきた業務システムとIoTシステムの大きな違いをまとめておきます。

| システムの種類 | 従来型の業務システム | IoTシステム |
|---|---|---|
| クライアント端末 | PCが中心 | 多様なデバイス |
| データ取得 | 人間によるデータ入力 | デバイスによる自動取得 |
| ネットワーク | LANが中心 | 無線やインターネットが中心 |

**◆図1-8　業務システムとIoTシステムの大きな違い**

## 導入前に基本的な違いを押さえておく

このように、従来型の業務システムとIoTシステムでは、特に物理構成に大きな違いがあります。従来型の業務システムであれば、定型的なハードウェア構成となることが多いのですが、IoTではニーズに応じて無限の組み合わせが存在します。さらにほとんどの場合、デバイスからデータが自動的に上がってきます。

これらがIoTシステムを特別なものと考えてしまう理由の1つでもあります。しかしながら、最初にこれらの違いを押さえておけば、導入に向けて不安を感じることはありません。

# 1.4 IoTシステムの実装

**IoTシステムは、実装の観点では3つの形態があります。これは、プロジェクトの開始前に意識しておきたいポイントです。**

## 3つの実装形態

IoTシステムには、3つの実装形態があります。どの形態のシステムであるかによって、プロジェクトのあり方やマネジメントの進め方も大きく変わります。

3つの形態は以下のとおりです。

- **新システムとしてのIoTシステム**
- **既存の業務システムのIoT化**
- **業務支援システムとしてのIoTシステム**

それぞれについて見ていきます。

## 新システムとしてのIoT

これは、**デバイス、インターネットを中心とするネットワーク、クラウド環境下のサーバーから構成される**新たなシステムで、まさに現代のIoTシステムです。すでに実績が多数あるデバイスを利用するのであれば、早期に稼働させることができます。

## 既存の業務システムのIoT化

これは、**既存の業務システムの足回り、あるいはデータ取得のツールとして、IoTデバイスと一部に新たなネットワークがアドオンされる**形態です。以前から基幹のシステムが稼働している工場や物流センターなどで、業務の自動化やIoT化を推し進めるケースでよく見られます。

例えば、生産管理システムのもとで工作機械が稼働するとともに熟練の工員が従事しており、さらに生産品質を高めるために、カメラや各種のセンサーなどを新たに追加して、各工程での作業を再確認して改善するといった場合です。

また、流通業などでは、特にアパレル業界で商品にバーコードの代わりにICタグをつけて、購入された商品の読み取りを迅速化しています。これは、もちろん既存のPoSシステムと連動させます。

図1-9の例では、IoTデバイスに加えて、無線LANのネットワークなどを通じて既存の業務システムにIoTシステムが追加されています。既存システムへの接続となることからシステム自体は企業内に限定されていますが、デバイスやインターネット接続可能なネットワークなど、構成要素は揃っているのでIoTシステムと呼ぶことができます。

企業などでIoT化と呼ばれているときは、このような業務システムにアドオンする形態が多いです。

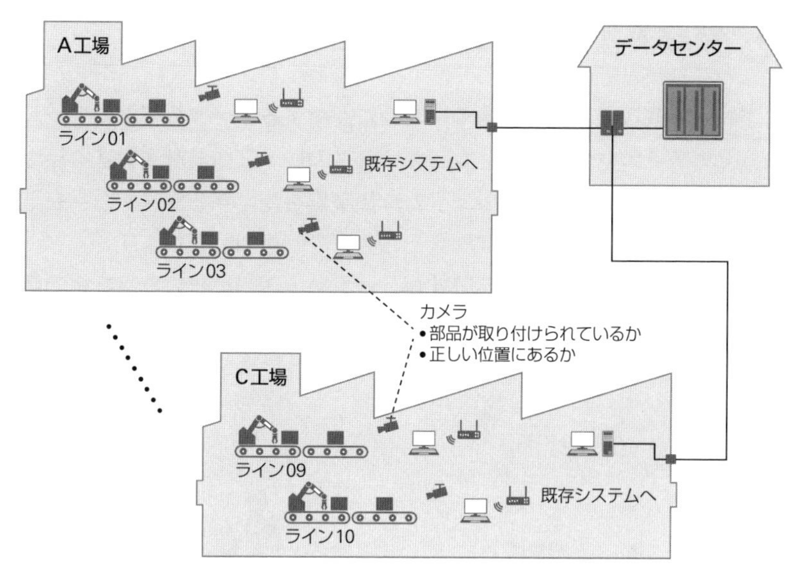


カメラを追加して作業を確認する例

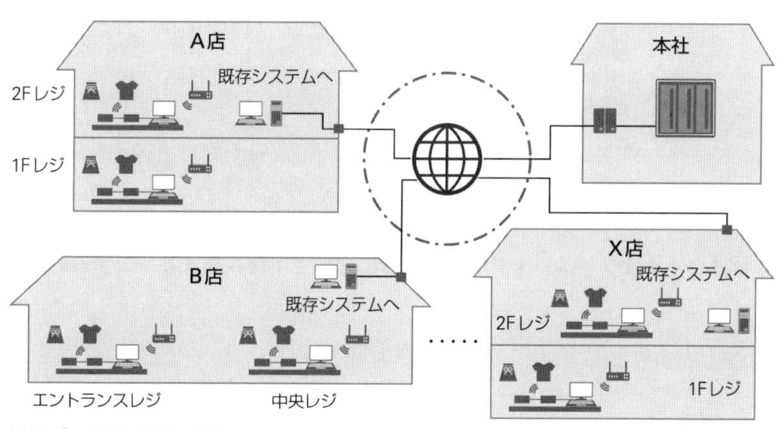


ICタグで商品の価格や情報を読み取る例

**◆図1-9　業務システムのIoT化の例**

## 業務支援システムとしてのIoT

これは、**既存の業務の支援や一時的に運用するデータ分析など**のシステムとして活用される形態です。オフィスのレイアウトを変更するために従業員の動線を分析するシステム、仕事量を測定するシステム、会議室やトイレなどの利用を示すシステムなどの例が挙げられます。

それぞれ独立したシステムですが、どれも比較的小規模で、特定の目的や本来の業務を支援するために利用されます。本格的なIoTシステムに向けてのマイルストーンと位置づけることもできます。

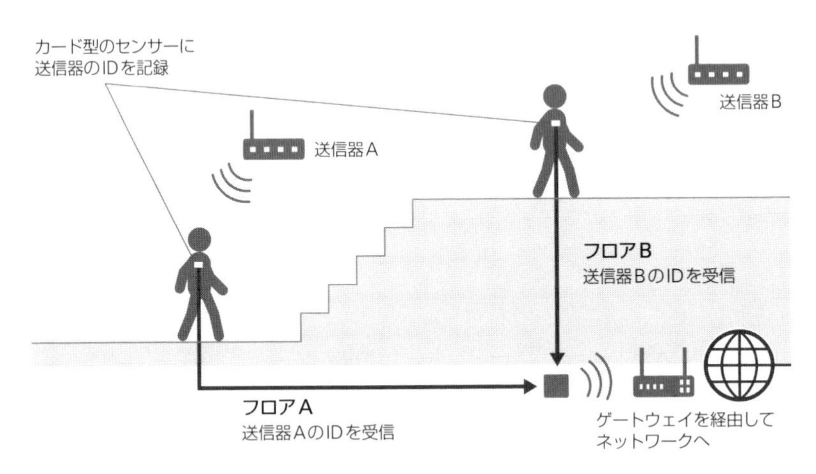


◆**図1-10　オフィスレイアウトの変更に向けて情報収集するシステムの例**

図1-10は、ビーコンシステムの送信器とビーコンからの電波を受信するセンサーを活用して、人間の位置を検出したり動線を確認したりする例です。このような形態で一時的に利用するシステムも増えています。

業務支援システムは今までにない新しいシステムなので、IoTシステムでもあります。ここまで紹介したような例であれば一時的な利用であり、働き方改革やオフィスレイアウトの変更などの目的で利用されることから、最初に説明した新システムとしてのIoTとは分けて考えたほうが位置づけは明確になるでしょう。

# 1.5 急拡大する国内IoT市場

日本国内のIoT市場は急拡大を続けています。さまざまな調査機関が年率10%以上の拡大を予測しています。代表的な調査の例を確認しておきます。

## IDC Japanの市場予測

IT専門の調査機関の1つであるIDC Japanが2018年9月に発表した予測では、日本のIoT市場は**年率15%で成長**し、**2022年の市場規模は12兆円近く**に達するとしています。

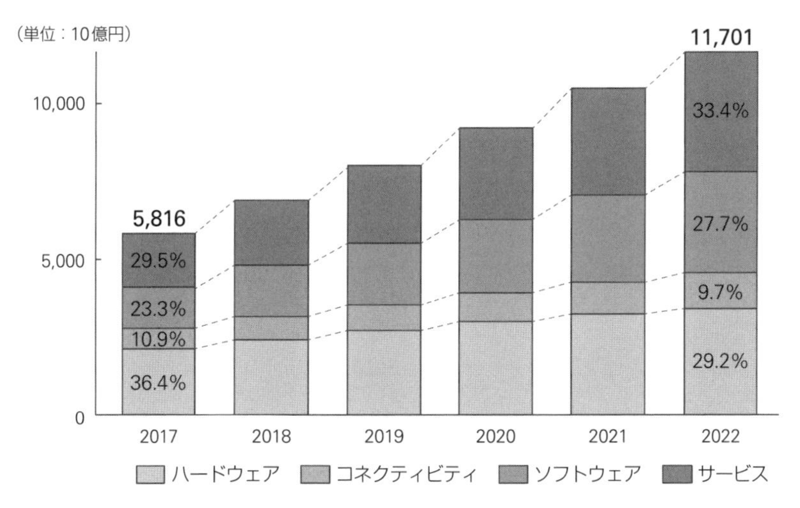


◆**図1-11　国内IoT市場 支出額予測と技術グループ別支出割合推移、2017～2022年**

出典：IDC Japan

この調査では、2022年に向けてサービスが最も高いウェイトを占めるようになっていくと予測しています。確かにIoTといえば、新しいサービスやシステムをイメージする方も多いくらいですから、そのような観点も含めて導入や運用への期待が高まっていくというのは適切かもしれません。もちろん2017年に至るまでも拡大を続けてきています。

続いて、IoT市場が拡大し、期待も高まっている理由を考えてみます。

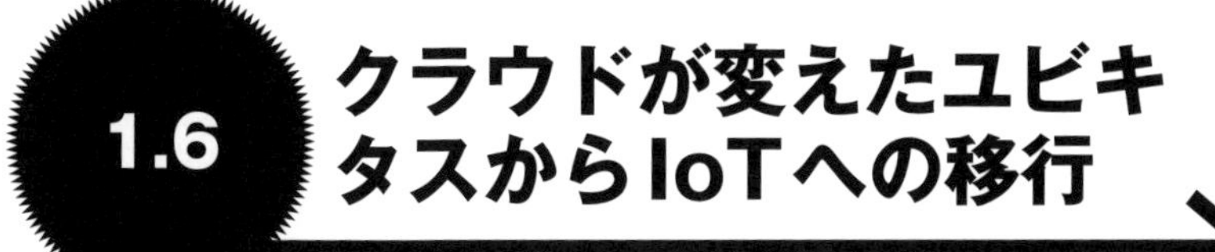

# 1.6 クラウドが変えたユビキタスからIoTへの移行

**前節で、IoT市場の拡大について触れました。また、1.2節ではユビキタスシステムについても説明しました。現在のIoTとほぼ同じしくみですが、当時はそれほどの広がりはありませんでした。ユビキタス時代とIoTの違いを検証することで、市場の急拡大の理由が見えてきます。システムのレイヤーとしてはクラウドの浸透が大きな違いですが、そのほかにも大きな理由があります。**

## デバイスの革新（1）カメラ

ユビキタスの時代でも、デバイス自体のラインアップは大きなカテゴリでは現在とほぼ変わりません。もちろん半導体技術の進歩による性能の向上、小型化、価格低下、一層の多様化などはあります。しかしながら、これらは情報通信技術全般にいえることで、IoTデバイスに限られたことではありません。

十数年前のユビキタス時代と現在のIoTを比べると、デバイスに関する最も大きな違いは**カメラの利活用の拡大**ではないでしょうか。産業界での利用だけではなく個人の日常生活においても、画像や映像を身近に楽しむ時代となり人々の意識は大きく変わりました。以前は近距離無線やその他の技術を使っていたケースでも、画像認識のほうが低価格で精度も高く導入も簡単であることから、カメラをデバイスとするIoTシステムが急拡大しています。

## デバイスの革新（2）各種センサーの低価格化

2007年のiPhone、アンドロイド携帯の登場以降、スマートフォンの利用は急激に広がりました。

スマートフォンには各種のセンサーが内蔵されています。それらのセンサーを中心として、大量の製造販売による低価格化が進んできたことも、IoTシステムの普及に大きく貢献しています。

## ネットワークの革新

ネットワークも十数年前は無線LANの出始めの時期で性能が低く、企業や家庭での利用も一般的ではありませんでした。ところが、現在は一般家庭にもWi-Fiルータが設置され、企業や団体の事務所でもWi-Fiが有線LANを凌駕する勢いです。また、それよりも短距離の通信では**Bluetooth Low Energy（BLE）**の活用なども定着しています。

インターネットでは、家庭でも動画視聴の普及から光回線が主流となっています。モバイル回線も1999年のiモードサービス開始のころと比べると、2008年のiPhone、アンドロイド携帯の日本上陸以降、大きく進歩しています。いまや5Gを語る時代となっています。さらに現在ではIoT専用のネットワークサービスもあります。

**回線速度の上昇とサービスの多様化による低価格化**は、IoTシステムの急拡大を下支えしています。

## クラウドの浸透

現在のクラウドの原型は、1990年代の終わりごろからすでにサービスとして存在していました。2006年当時のグーグルCEOの発言などから、インターネット経由のシステムサービスを「**クラウド**」の一言で表現することが認知されて以降、徐々に浸透してきました。

また、個人の間でも知名度が高いアマゾン、グーグル、マイクロソフトなどの企業が競ってサービスを進化させてきたことが浸透を加速してきました。そのなかでIoT専用のサービスも生まれています。同じように、大手製造企業がもともとは自社のために使っていたIoTのシステムをサービスとして提供したり開放したりしています。

現在のようなクラウドサービスはユビキタス時代にはなかったので、物理的なシステムとしてはここが最も大きな違いです。

## IoTシステムはこれからが面白い

1.2節で述べたIoTシステムのそれぞれのレイヤーで革新が起きています。技術的な革新あるいは生活における主な変化などは以上のとおりですが、もちろん国家や政府機関による後押しもあります。2013年のドイツによる**インダストリー4.0**の発表、続く2014年の米国による**インダストリアル・インターネット・コンソーシアム（IIC）**というIoT推進団体の設立、2015年の欧州連合（EU）の**デジタル単一市場（DSM）**構想、日本での**IoT推進コンソーシアム**の立ち上げなど国家レベルでの取り組みです。

さらに、IoTとともに**人工知能（AI）**の活用が話題となっています。IoTとAIは、互いに切磋琢磨するようにして進歩しています。さまざまな技術の革新、個人レベルでの生活の変化、そして国家による後押しなど、IoTは今後の一層の拡大に向けて必要な条件がすべて揃ったという状況です。

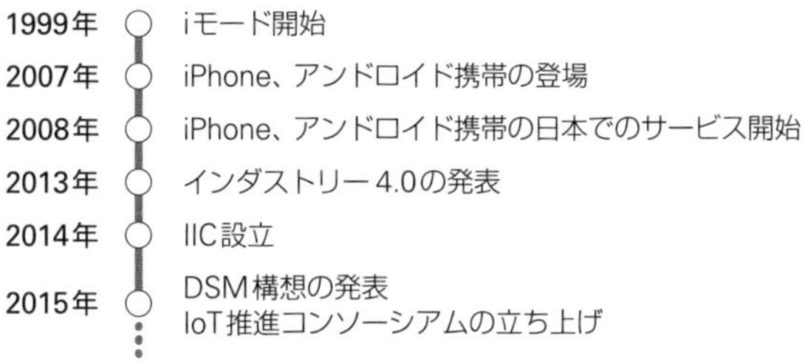

| | |
|---|---|
| **1999年** | iモード開始 |
| **2007年** | iPhone、アンドロイド携帯の登場 |
| **2008年** | iPhone、アンドロイド携帯の日本でのサービス開始 |
| **2013年** | インダストリー4.0の発表 |
| **2014年** | IIC設立 |
| **2015年** | DSM構想の発表<br>IoT推進コンソーシアムの立ち上げ |

**◆図1-12　IoT普及に影響した主な出来事**

# 1.7 AIとIoTの関係

AIはさまざまなシステムにおいて活用されています。IoTシステムのなかでもAIの活用が始まっており、切り離すことのできない関係になっています。AIは頼りになる相棒のような存在で、システムによっては不可欠になりつつあります。ここではIoTシステムにおけるAIの主要な利用シーンを見ておきます。

## IoTにおけるAIの利用シーン

AIはさまざまな分野で活躍しています。人の知能や考え方を備えているコンピューターやソフトウェア、あるいはそれらを実現するしくみとして、IoTとも相性のよい技術です。IoTシステム全体のなかでは、AIは一部の機能として利用されます。現在は特に以下のシーンなどで活用が進んでいます。

- **ディープラーニングによる画像や音声などの認識**
- **機械学習による蓄積されたデータにもとづく判断**

## ディープラーニングによる画像の認識

IoTシステムのデバイスの1つとして、デジタルカメラが画像データを取得しています。以前の画像認識では、人間の顔などであれば、口の形や位置などを一定の方向から見てパターンを見出し、同一人物と判断していました。このような技術は、**パターン認識**と呼ばれています。

正面写真だけで判断するのであれば、パターン認識で問題はないのですが、実際には人間の顔をさまざまな角度から認識することになります。そのためにはできるだけ多くの角度で撮影した画像が必要になります。

このような状況に対応するために、対象について大量の画像を集めたり、私たち人間が特徴を抽出するように映像をぐるりと見て認識したりすることが必要になります。**ディープラーニング**は画像から**特徴量**を割り出すことが可能で、現在の画像認識システムの主流となりつつあります。

もちろん特徴量の抽出のために多数の画像を必要とします。

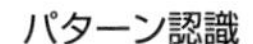


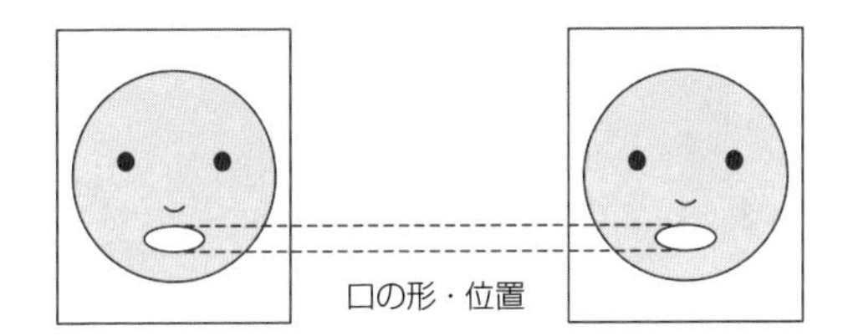


ディープラーニング
による認識

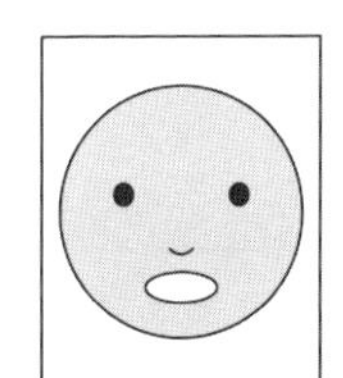

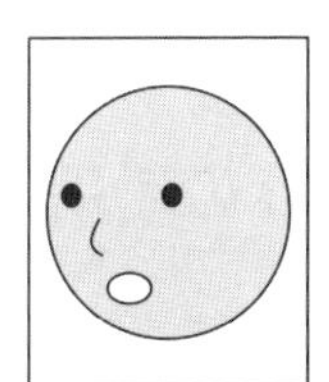

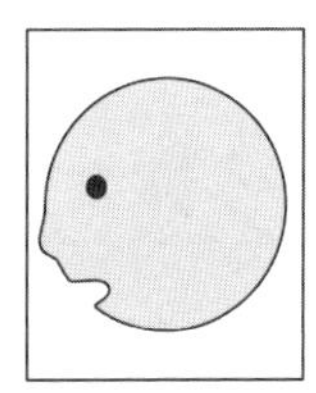

口の形・位置 ＋ 肌・唇の色、鼻の高さ……
AIが特徴量を自律的に抽出していく

**◆図1-13　パターン認識とディープラーニング**

ディープラーニングの画像処理では、オープンソースのライブラリとして、インテルが公開している**OpenCV**（Open Source Computer Vision Library）などがあります。画像変換、認識、そのほかのさまざまな処理に役立つライブラリが無償で提供されています。

## 機械学習による判断

機械学習を活用した判断は、主に2つに分かれます。1つは、**デバイスから取得した上で構造化されたデータに対して何らかの可否やYes／Noなどの判定をして、Noだった場合はアラームを上げるシステムなどで活用されるケース**です。もう1つは、**過去のデータと最新のデータから予測を行うケース**です。

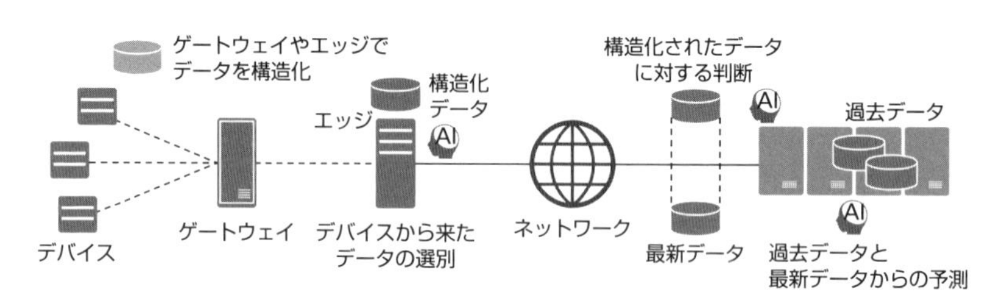


◆図1-14　IoTシステムにおける機械学習の活用

## 拡大するAIの活用

ここではIoTシステムに搭載されつつあるAIの例を紹介しましたが、IoTシステムにおけるAIの実装は今後ますます増えていくでしょう。1つのIoTシステムのなかで複数のAIが活躍することもあります。ただし、IoTシステムのなかにAIがあるのであり、AIシステムのなかにIoTシステムがあるという関係ではありません。

Chapter 2

# 業務システムとIoTシステムのプロジェクトの違い

第1章では、
業務システムとIoTシステムの主な違いを説明しました。
システム自体が異なるのですから、
プロジェクトの進め方にも違いが出てきます。
本章ではプロジェクト推進がスムーズにできるように、
特に重要となる立ち上げや計画立案の留意点について解説します。
システム構成の多様性、新たなサービスとしての側面、
学習やPoCの必要性などの特筆すべきポイントです。

IoT System

# 2.1 プロジェクト推進上の特徴

IoTシステムには、プロジェクト推進の観点から特徴的なポイントがあります。特に、プロジェクトの立ち上げと計画に関しては今まで経験したことのないプロジェクトとなる可能性もあることから、あらかじめ押さえておく必要があります。一般的に情報システムの開発プロジェクトでは、立ち上げ後は計画にもとづく実行へと進みます。

## システムをブロックでとらえる

一定の規模以上のシステムでは、システムを**おおまかなブロック**に分けて、それぞれにチームが組まれて進められていきます。IoTに特徴的なブロックの考え方を理解しておくことで、計画立案をスムーズに運ぶことができます。

## 新しさと多様性を理解する

IoTプロジェクトは新たなサービスやビジネスを目指すことも多く、企画の目的に沿ったシステムならびに構成にする必要があります。そのような意味では、IoTそのものが新たなサービスやシステムである可能性があること、システム構成そのものが多様であることをあらかじめ理解しておく必要があります。

この後、プロジェクト計画における特徴、プロジェクト立ち上げにおける特徴の順に見ていきます。

# 2.2 プロジェクト計画の特徴

**IoTシステムの開発は一定の規模以上になると、デバイス、ネットワーク、クラウドやサーバーなどのようにシステムのブロックに分けて進めていきます。最初にこのような考え方の背景を見ておきます。**

## 業務システム開発プロジェクトの例

例えば、従来型の業務システムを開発するプロジェクトで考えてみます。中規模以上のプロジェクトでは、図2-1のように、**業務アプリケーション**、**クライアント**、**ネットワーク**、**サーバー**などのシステムのブロックに応じて役割が分担されプロジェクトチームが編成されます。

SEやプログラマーの専門性に応じて、システムのブロックごとに編成されたチームが並行的に作業を進めていきます。

業務アプリケーションのチームは、アプリケーションソフトウェアを中心に設計および開発を進めて、サーバー以下のハードウェアのチームは、アプリケーションが動作するように環境の設計ならびに構築を担当します。もちろんそれぞれのチームを兼務することもあります。

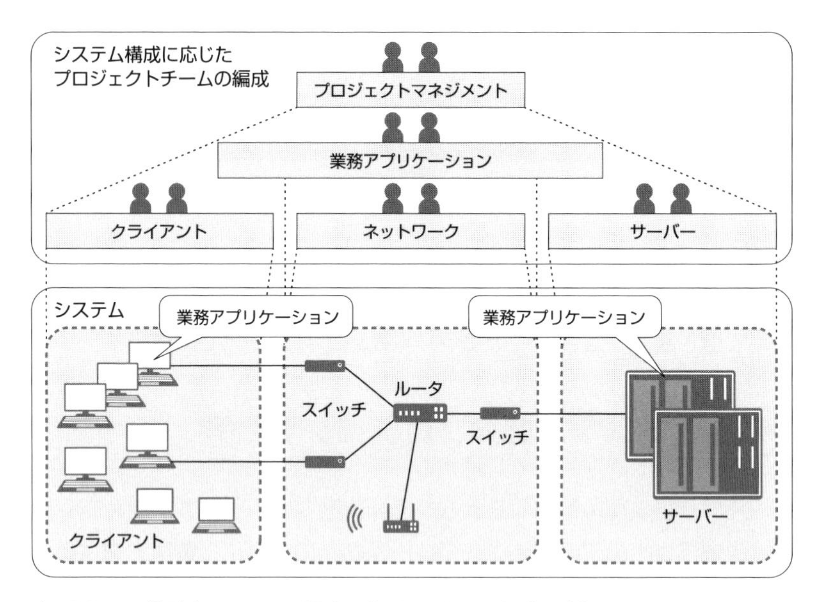


**◆図2-1　業務システムの開発におけるチーム編成の例**

このように専門性に応じて役割分担をすることで、効率的にシステム開発を進めることができます。システムが大規模になると全体の**セキュリティ**に専門的に携わるチームなども編成されます。さらに各ブロックは細分化されていきます。

このような考え方はIoTのシステムでもほぼ同じです。

## IoTシステムとの相違点

業務システムではクライアントのブロックがありましたが、IoTではクライアントがデバイスに変わります（図2-2①）。デバイスになるとPCとは異なり、さまざまな候補から最適なものを選定して対象の現場で使えるようにする活動が加わることから、システム全体でのウェイトは高くなります。

一方、IoTでは業務システムと異なり、デバイスで自動的にデータ取得をすることがほとんどです。人間による操作を必要とするケースは少ないことから、デバイス部分のアプリケーションはシンプルです。したがって、全体として業務アプリケーション（②）のウェイトは小さくなります。

また、近年の傾向ですが、サーバー側での処理も分析系が中心なので、データ量は多くても複雑でない処理であることが多いです。さらに、クラウドを活用すると、サーバー（③）に関わる作業のウェイトも以前よりは小さくなります。クラウド事業者の業務アプリケーションまで含むサービスを利用すれば、②や③をほぼなくしてしまうこともできます。

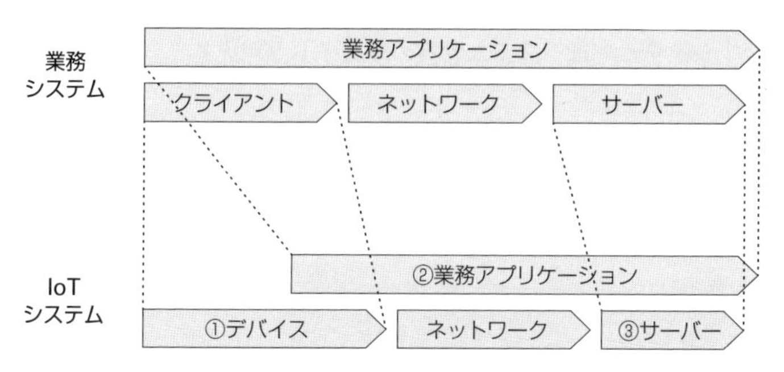


◆図2-2　タスクの構成とウェイトの相違点

このように業務システムと開発におけるウェイトが異なることから、同じ思考で臨むのは適切ではないといえます。

## システム企画という新たなタスク

実際のIoTシステムは、従来型の業務システムと異なり新しいシステムです。あるいはかなりの部分で新しい機能が追加されます。そのような場合には図2-2の①～③の変化に加えて、もう１つ大きなタスクが出てきます。それは、**システム企画**（図2-3④）です。新しいシステムであり、新たな業務アプリケーションとなることから、システム企画に工数を要することになります。

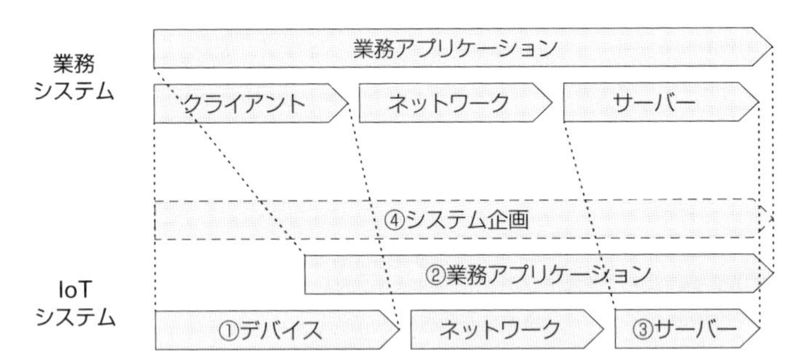


◆**図2-3　IoTシステムではシステム企画のウェイトが増える**

以前から存在する業務のシステムでは、システム企画の工数は低いので見落としがちです。新しい業務のシステムであれば企画に立ち戻って進める必要があります。企画に要する工数は、IoTシステムに近いシステム経験の有無などで個人差はありますが、企画に戻ってシステムを考えるという発想を忘れないようにしてください。

# プロジェクト立ち上げの特徴（1）システム構成の多様性

**IoTシステムの構成は多岐にわたります。多様であることを前提として取り組む必要がありますが、用途や機能から見ていくとわかりやすく整理できます。実際に稼働しているシステムを例として確認します。**

## 目的、用途、機能から考える

IoTシステムは情報システムの一種であり、何らかの目的を持ったシステムです。その構成を見るときに目的、用途、機能から考えるとわかりやすいです。最もシンプルなハードウェア構成と多少複雑な構成の両面から見てみます。

## 最もシンプルな構成例

最もシンプルな構成の一例として、ドライブレコーダーによる安全運転支援システムがあります。私たち個人でいえば、保険会社、自動車メーカーならびに販売会社がビジネスとして手がけているドライブレコーダーを車に装備して、事故処理の支援や安全運転・運行のための支援といったサービスの提供を受けています。

保険会社などが提供するサービスでは、事故が起きた際にその前後の映像データとGPSデータを自動的にサーバーに送信するしくみで、事故ならびに保険の処理が迅速に進められるようになっています。日常的な運転では、ハンドルのふらつきやブレーキを踏んだ後の停止の状況などもモニタリングしてくれます。

その鍵となるデバイスのドライブレコーダーですが、それ自体が携帯電話であるとともに、カメラ、GPS、ジャイロセンサーなどが実装されています。実態としてはスマートフォンとほぼ同じです。形状がドライブレコーダーなので、携帯電話やスマートフォンに見えないだけです。大量のドライブレコーダーからデータを転送する可能性もありますが、IoTシステムならびにサービスとして、シンプルなしくみであるにもかかわらず完成度の高いシステムです。

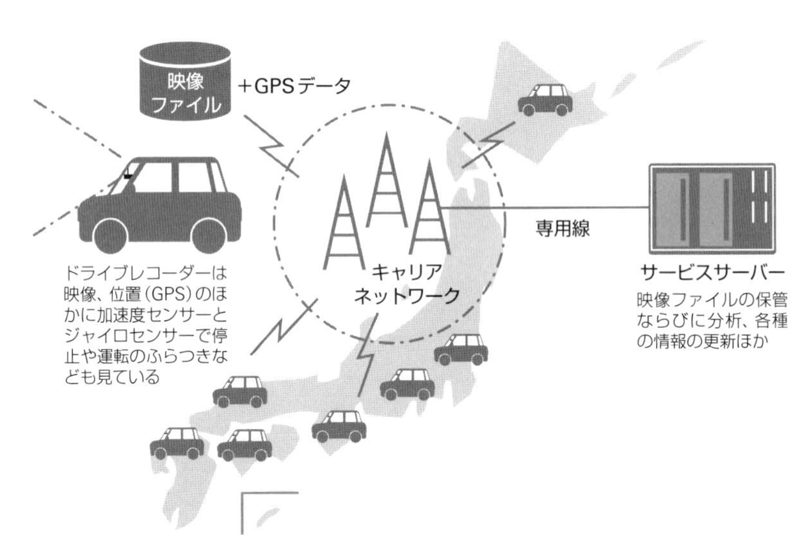


◆**図2-4　保険会社や自動車会社のドライブレコーダーによるIoTシステム**

保険会社や自動車会社が提供するドライブレコーダーのシステムは、次のように3階層の最もシンプルな構成です。

| | |
|---|---|
| **デバイス** | ドライブレコーダー（カメラ、センサー、携帯電話） |
| **ネットワーク** | 携帯キャリアの4Gなど |
| **サーバー** | 各社のサービスサーバー |

なお、一般に販売されている低価格のドライブレコーダーには録画の機能はありますが、携帯電話としての通信機能はありません。

##  デバイスが複雑な構成例

次に、デバイスが少し複雑になる構成例を見ておきます。

例えば、農場に大きなビニールハウスが多数並んでいるとします。温度や湿度を測定したい植物やその近くに温湿度センサーを設置して、データ化された温度と湿度をサーバーに送信するシステムを例にとります。

この場合はデバイスを、**データ取得**、**データ集約**、**データ送信**の3つの機能に分け、ハードウェア自体も別々のものを使用することがあります。データ取得とデータ集約が一体となっている製品もありますが、それらのデータが携帯キャリアやISPのサービスを通じて、クラウド環境下のサーバーにアップロードされています。もちろん農場を経営する企業のLANからオンプレミスのサーバーに接続する構成もあります。

先ほどと同じように構成をまとめてみますが、デバイスの部分は機能ごとに細かくなります。

| | | |
|---|---|---|
| デバイス | データ取得 | 温湿度センサー |
| | データ集約 | マイコン |
| | データ送信 | PC |
| ネットワーク | | LAN／キャリアネットワーク |
| サーバー | | 企業内サーバー、またはクラウド環境下のサーバー |

図2-5のように、絵にすると見た目はシンプルです。1つのビニールハウス内で多数の温湿度センサーを設置する場合もあるだけでなく、ほかの種類のセンサーもあります。また、ビニールハウスも複数ありますから、農場によっては大規模なIoTシステムになります。

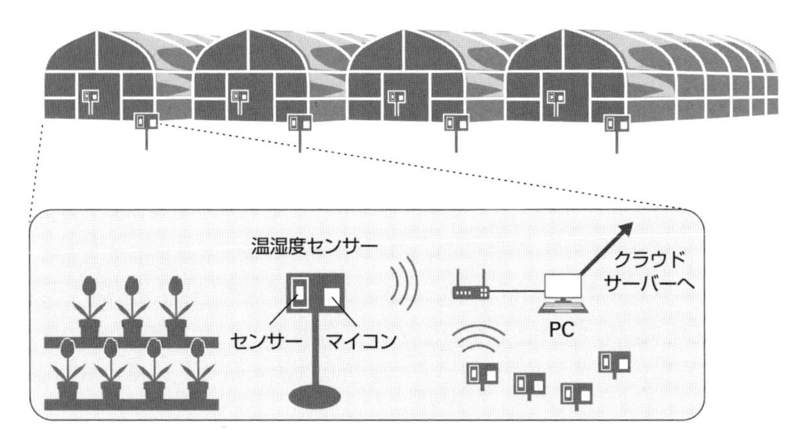


◆図2-5　温湿度センサーによる温湿度管理システム

大手企業が経営するビニールハウスの農場などでは、インターネット経由でクラウドシステムにデータをアップロードし、分析したりエアコンなどの制御装置への指示を出したりする事例が増えています。

## 異なるのはデバイスの機能

ここまで2つの例を見てきましたが、大きく異なるのは**デバイスが1つであるか、機能ごとに複数に分かれるか**です。温湿度センサーなども、最近ではデータ取得、集約、送信の機能が1台の筐体(きょうたい)に含まれるタイプもありますが、センサーによって別になることもあります。

ここで、そのほかの例も加えて見ておきます。

1つは、個人がスマートウォッチで心拍数のデータを取得してスマートフォンに送信してクラウドサーバーで分析させる、健康維持管理のための心拍数測定システムです。そのほかには、1.4節で例示した企業の工場などでカメラを設置して製造過程を画像で記録して集中管理する例、ICタグを使った販売管理システム、ビーコンによる人の位置・動線管理システムを加えてみます。

<table>
<tr><th colspan="2">システム</th><td>事故処理（運転支援）システム</td><td>温湿度管理システム</td><td>心拍数測定システム</td><td>製造工程管理システム</td><td>販売管理システム（一部）</td><td>人の位置・動線管理システム</td></tr>
<tr><th colspan="2">データ</th><td>映像、GPS</td><td>温度、湿度</td><td>心拍数</td><td>画像</td><td>商品コード</td><td>ID</td></tr>
<tr><th colspan="2">対象／デバイス設置位置</th><td>車</td><td>温度、湿度を測定したいモノや場所</td><td>人の手首</td><td>対象は製品、天井などに設置</td><td>商品</td><td>人、天井や壁などに設置</td></tr>
<tr><th colspan="2">デバイス名称</th><td>ドライブレコーダー</td><td>温湿度センサー</td><td>スマートウォッチ</td><td>カメラ</td><td>ICタグ</td><td>ビーコン</td></tr>
<tr><th rowspan="3">デバイス（機能別）</th><th>データ取得</th><td rowspan="3">ドライブレコーダー</td><td>温湿度センサー</td><td>スマートウォッチ</td><td>カメラ</td><td>リーダライター</td><td>ビーコンセンサー</td></tr>
<tr><th>データ集約</th><td>マイコン</td><td rowspan="2">スマートフォン</td><td rowspan="2">PC</td><td rowspan="2">PC</td><td>ゲートウェイ</td></tr>
<tr><th>データ送信</th><td>マイコン／PC</td><td>PC</td></tr>
<tr><th colspan="2">ネットワーク</th><td>携帯キャリア</td><td>LAN</td><td>携帯キャリア</td><td>LAN</td><td>LAN</td><td>LAN</td></tr>
<tr><th colspan="2">サーバー</th><td>クラウド</td><td>サーバー</td><td>クラウド</td><td>生産管理システム</td><td>PoSシステム</td><td>サーバー</td></tr>
</table>

※ゲートウェイについては後ほど解説

**◆図2-6　IoTデバイスの比較表**

図2-6を見ると、デバイスの部分が異なるのがわかります。データ取得、集約、送信などの機能が一体化されたタイプもあれば、機能に応じて機器そのものが違うタイプもあり、さまざまなパターンがあります。

なお、現実のIoTシステムでは、複数の異なるデータを取得できるように、センサーやデバイス自体も複数の種類を活用することがあります。

# 2.4 プロジェクト立ち上げの特徴（2）新たなサービスか否か

IoTシステムを立ち上げる際、既存のシステムへのアドオンなど自社での利用に限定されたシステムなのか、あるいは新たなビジネスやサービス化を目指したシステムなのかを明確にすることは重要です。現在は、後者のほうがIoTシステムらしいのかもしれません。

## 自社での利用に限定されたシステム

立ち上げるプロジェクトは、**IoTシステムとしての構成要素は満たしているものの、自社での利用に限定されたシステム**である場合があります。先ほど解説した業務システムのIoT化は、他社に使わせるシステムではなく自社に限定されたシステムです。

## 新たなサービスのシステム

ドライブレコーダーをデバイスとするIoTシステムなどは、**今までになかったデバイスによるシステム**です。新たなシステムであるとともに、新たなサービスとなることもあります。

また、オフィスのレイアウト変更に向けて動線を確認するシステムなども、建設会社やオフィス設計の企業などがサービスとして提供するのであれば、同じような意味を持ちます。

同様に温度センサーなどでビニールハウス内の状況を監視するシステムも、農業を営む企業や農家向けのサービスとして展開できれば新たなサービスです。

# 2.5 システム開発工程の違い

IoTシステムは従来型の業務システムとは異なり、新たなシステムとなることが多いです。また、既存の業務システムのIoT化でも、新しい機能の追加という側面があります。新しいシステムあるいは機能であることから、システムの開発工程においては従来型の業務システムとは違いが出てきます。

## 業務システムの開発工程

業務システムの開発は、現在でも**ウォーターフォール**のプロセスで進められることが多いです。ウォーターフォールは滝が流れるように、**要件定義**、**概要設計**（**基本設計**ともいう）、**詳細設計**、**開発・製造**、**結合テ**

ウォーターフォールのプロセス

要件定義
概要設計
詳細設計
開発製造
結合テスト
システムテスト
運用テスト

アジャイル開発のプロセス

要求・開発・テスト・リリース
要求・開発・テスト・リリース
要求・開発・テスト・リリース
要求・開発・テスト・リリース

◆図2-7　ウォーターフォールとアジャイルのシステム開発工程

**スト**、**システムテスト**、**運用テスト**の各工程に進みます。

別の開発手法としては、アプリケーションやプログラム単位で、**要求**、**開発**、**テスト**、**リリース**を回していく**アジャイル**があります。

Webのシステムなどでは、早期のリリースを優先したいことなどからアジャイル開発が増えています。

## システム企画の工程

図2-7には入れませんでしたが、いずれの開発手法を採用するにしても、要件定義の前に**システム企画**の工程があります。システム企画と一言で表現することもあれば、システムの全体的な**構想の立案**と、開発工程の詳細を計画する**システム化計画**、さらにはそれらの活動以前に**業務分析（ビジネス企画）**などに分割して表現することもあります。

特にシステムの規模が大きくなると投資額も大きいことから、万全を期すために企画フェーズは細分化されます。

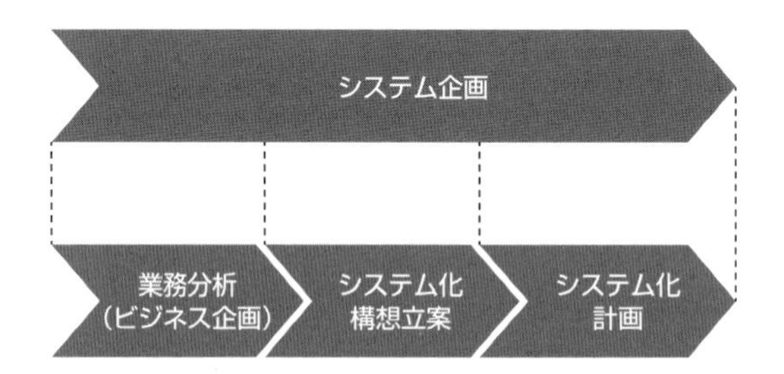


◆**図2-8　システム企画の細分化の例**

## IoTにおけるシステム企画の重要性

2.2節でも解説したように、IoTシステムでは企画フェーズが重要です。以前から存在する業務システムを更新するのであれば、システム企画に要する時間や工数は少なくて済みます。ただ、IoTは新しいシステムや機能であるケースが大半であることから、アイデアを出し、整理するなどシステム企画に要する工数は比較的大きくなります。よって、IoTの場合には、システムの規模は別として、一言でシステム企画と呼ぶのではなく、図2-8のように**細分化して考えるのが適切**です。

細分化したほうがよいのは、各プロセスにおいて次のような背景があるからです。

### ▶ 業務分析（ビジネス企画）

現行業務の分析もしくは将来の業務の予測をした上で、適切なデバイス、ネットワーク、サーバー（クラウド）の検討や選定をする必要があります。必要なデータと実際に取得したデータで何をするか、あるいは何をしたいからそれらのデータが必要なのか、見極めなければなりません。顧客向けに新しいビジネスやサービスを提供するのであれば、ビジネスの企画自体がこの時点で見えている必要があります。

### ▶ システム化構想立案

どれくらいの期間使われるシステムか（デバイスの進歩は速い）、対象となる範囲や領域は限定的なのか拡大していくのか（ネットワークやサーバーの検討に大きく影響）、投資額やコスト、新システムが目指すところは何かを明確化します。

### ▶ システム化計画

業務分析とシステム化構想立案に沿って、開発や運用の計画を立てます。

IoTでは、システム企画の際の検討の証しや判断の根拠として、業務分析の結果やシステム化構想立案に関して記述したドキュメントを作成して残しておくことが重要です。

さらに、システム企画と並行して実施される新技術の**学習**や**PoC（Proof of Concept、概念実証）**があります。PoCは**実証実験**や**トライアル**などといわれることもあります。これらは、この業務であればこのようなシステムが適切であると一般的に共通認識を得ている業務システムでは必要なく、IoTやAIなどの新たな技術を活用したシステムに最初に取り組む際には必須となるものです。

# 2.6 PoCの必要性

**IoTシステムの開発においては、新しいシステムや新機能の大きな追加となることからシステム企画が重要であることを解説しました。新しいシステムである点に着目すると、並行して行われるPoCは不可欠であり、新技術を活用するシステムで必要とされる特徴的な工程です。**

## 新しい技術の学習

今までに活用したことのない新しい技術を使うのであれば、関係者はそれらの**学習**をする必要があります。Web、雑誌や書籍での情報取得、セミナーの受講、実機に触れるなどさまざまな学習の形態があります。

IoTシステムの場合、学習が必須なのはデバイスです。おそらくこのデバイスを活用するだろうという想定ができてから学習に入るので、実行する時期としてはシステム企画の工程になります。

## 実物を使ったPoC

学習の途中や終了したところで、実物を使って検証する必要があります。例えば、ビーコンやICタグに触れたことがない方であれば、実際に実機でIDやデータを取得して、ゲートウェイやエッジあるいはサーバーまでの処理を試行します。

これはカメラを活用した画像データの取得やそのほかのデバイスなどでも同様です。想定したとおり、データの取得から送信までできるかどうかを確認します。

また、ネットワークやクラウドも初めて使うサービスであれば、同様に検証を実施します。

## システム企画工程での位置づけ

前節で解説したシステム企画の工程に、学習（必要な場合）とPoCを位置づけて確認します。ポイントは、システム企画と並行して実施するため、業務分析やシステム化構想立案とは別のタスクが増えるということです。

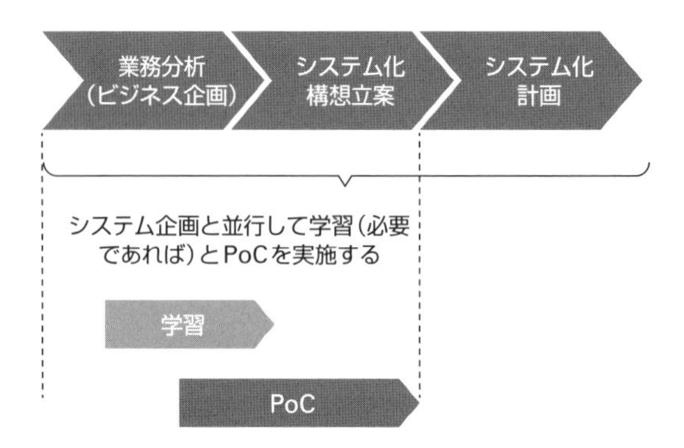


◆図2-9　学習とPoCの位置づけ

システム企画の期間は３カ月以内などにおさめたいところです。長期にわたると、システム開発自体が見えなくなってしまうからです。

学習とPoCをシステム企画工程の前後に配置してしまうと、システムの検討から開発に至るまでの期間がその分だけ延びることになるので、並行して実施します。新技術の学習はどちらかといえば日常業務に織り込みたい活動です。つまり、システム企画→PoCという流れにはしないということです。短期間でPoCを終えられるように、普段から情報収集や学習をしておく必要があります。

なお、PoCはシステム企画の工程に位置していますが、企画と開発の留意点を解説した後、第９章であらためて解説します。その理由は、第７章と第８章で見ていく技術的なポイントを理解した上でPoCに取り組むとよいからです。

# 2.7 チーム体制の違い

前節までで、IoTシステムと従来型の業務システムは、システム企画の工程において違いがあることを解説しました。それに加え、学習やPoCの存在もあります。こうした違いが、体制にどうのようにあらわれるのか確認しておきます。

## PoCは誰が担当するのか

IoTシステムは**プロマネ**、**デバイス**、**ネットワーク**、**サーバー**、**業務アプリケーション**などのブロックに分かれてチームが編成されると説明しました。これらが明確になるのはシステム企画の終盤ですが、その前

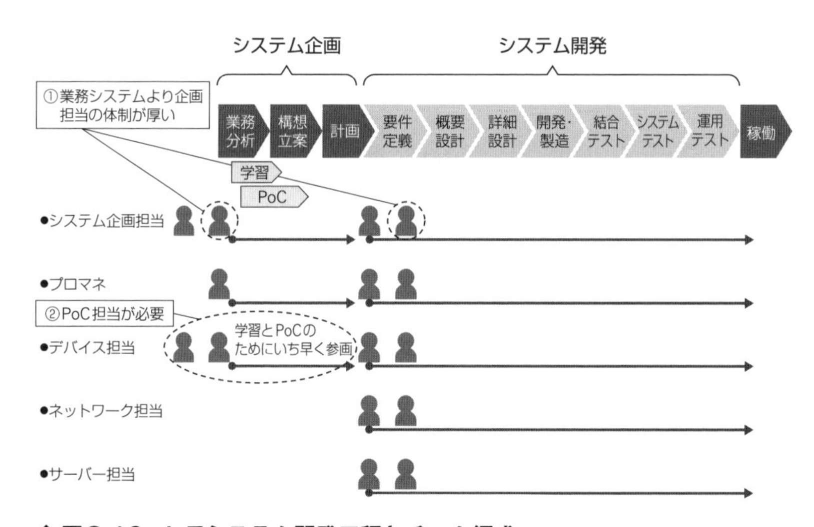


◆図2-10 IoTシステム開発工程とチーム編成

にすでにPoCは実施済みです。工程を意識したチーム編成を見ておきます。

システム企画の工程では、**システム企画担当**、システム開発を統括する**プロマネ**、そして**デバイス担当**が実働に入ります。従来型の業務システムと比較すると、検討する項目やタスクが多いことから、企画担当の体制は厚くなります。企画担当はシステム開発工程に入ると、プロジェクトのオーナーやステークホルダーとのコミュニケーションなども担当します。プロマネはシステム企画の工程から参画することで、システム化の目的も含めて理解を深めておきます。

IoTシステムではデバイスに関してのPoCは必須です。そのために、デバイス担当はPoCの担当として、システム企画の工程から参画します。要件定義以降のシステム開発工程では、デバイス担当は増員されます。

また、ネットワークやサーバーに関してもPoCが必要であれば、もちろんそれぞれの担当も先行してシステム企画工程から参画することになります。

大規模なシステムなどで強固なセキュリティが要求される場合には、さらに別に**セキュリティ担当**が設けられます。

## システム企画者がPoCを行わない理由

システムの企画者がPoCの担当を兼務すればよいという意見もあるかもしれません。しかしながら、PoCはシステムによってはかなりの工数を必要とすることや、そもそも学習時間も含め専門的な知見を積んでいくことから、実質的にそれは困難なことです。もちろん小規模なシステムであれば、企画者がPoCを実施することも現実にはあります。

# 2.8 データを「捨てる」という発想

業務システムではユーザーが入力したデータは重要で、基本的には捨てることはありません。もちろん一定の期間が経過したデータは削除されることはあります。また、ログという形式で残すという発想もあります。一方、IoTシステムではデバイスが取得したデータを捨てるということがあります。

## 捨てられるデータの例

例えば、ビーコンセンサーが1秒ごとに計5秒間、ビーコン送信器から以下のデータを拾ったとします（ビーコンの詳細は第3章で解説）。**日付（Date）、時間（Time）、ビーコンのID、電波強度（RSSI）**の順に5つのレコードが並んでいます。

```
① Date20191231 Time14:15:01 ID00001 RSSI:-80
② Date20191231 Time14:15:02 ID00001 RSSI:-80
③ Date20191231 Time14:15:03 ID00001 RSSI:-70
④ Date20191231 Time14:15:04 ID00001 RSSI:-80
⑤ Date20191231 Time14:15:05 ID00001 RSSI:-80
```

**◆図2-11　ビーコンセンサーの取得データ例**

5件のデータを見ると、③の電波強度だけが -70dBm（デシベルミリワット）となっています。前後の②や④が -80dBmで、さらにその前後も -80dBmですから、③の -70dBmは異常値と想定できます。

この例では5行のうちの1行（5秒のうちの1秒）ですが、このように明らかにイレギュラーなデータは、センサーからデータを受信してサーバーに送信する前に、エッジなどで削除することで**データ送信の負荷やサーバーのストレージならびに処理を節約**します。この例では5行のうちの1行ですが、データ容量としては小さいビーコンのデータでも1日分ともなればかなりの量になります。

画像ファイルなどでは、ほぼ同じ画像や対象が読み取れない画像などを同じような理由から削除することがあります。画像ファイルはビーコンのデータと比較するとサイズがかなり大きいので、システム全体に与える影響はより大きくなります。

したがって、**データを効率的に送信**する、**効率的に保管**するという観点では、エッジやデバイス側で取得した**データを捨てる**発想が必要ということです。業務システムの企画や設計・開発に慣れ親しんだ方には、データを捨てるという発想はなかなかなじまないかもしれません。

## データを残すこともある

もちろんIoTシステムであれば、イレギュラーなデータはすべて捨てるというわけではありません。システムによっては残すこともあります。

これは業務システムと同様にログのような意味合いで保存したい、イレギュラーなものも含めて総合的に分析したい、あるいは近い将来AI化を検討したいなどの理由で、非効率なことは承知した上で残します。

## 捨てられるデータは捨てる

筆者が勧めるのは、**捨てられるデータは捨てる**ということです。分析のために残しているケースも実際にありますが、後で分析をしているかというと実はやっていない、やりたいと思っていてもやる人がいないなどの理由で、結局は実行されないことが多いからです。

最初から「捨てる」という発想を持って臨むと、システム全体をシンプルかつコンパクトに、あるいはフレキシブルに設計することが可能となります。IoTシステムでは、データを捨てるのも普通のことであると考えてください。

# 2.9 IoTによる新たなビジネスの企画

IoTが注目を集めている理由の1つとして、新たなビジネスを生み出すシステムであるという側面があります。確かに、人の五感を超える能力を持ち、今までできなかったことができるようになっているわけですから、発想を転換することで新しいビジネスのアイデアも生まれます。今後のIoTプロジェクトでは、ビジネス企画も必須の工程になるかもしれません。

## ビジネス企画の例

IoTのセンサーやカメラは、すでに企業の在庫管理システムのさまざまなシーンで利用されています。これを**個人に展開**していくことは、さまざまな分野で検討が進んでいます。

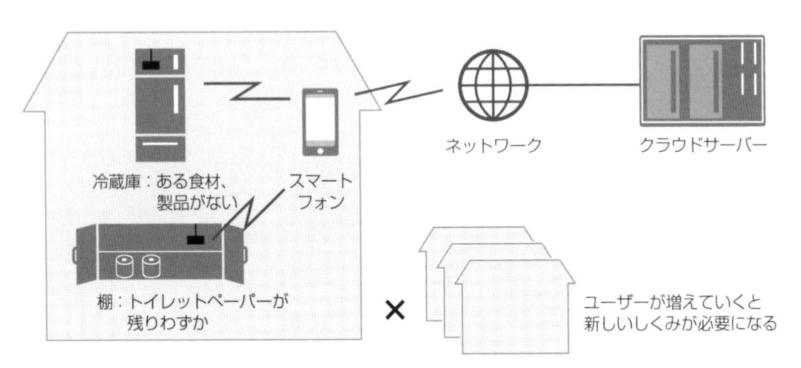


◆図2-12　個人宅での在庫管理と販売システムの例

化粧品などの比較的高価な商品ではすでに始まっていますが、図2-12のようなことが簡単に実現できるようになっています。図2-12では在庫の有無としていますが、ボトル内の液体の量が減っているなどの量の変化にも、カメラやセンサーで簡単に対応できる時代になっています。

## IoTシステムからビジネスを検討する時代に

今までは、まず企画があり、それをシステムによって実現するという考えが支配的であったと思われます。一方、図2-12の例は、IoTシステムの能力を前提にしてビジネスを企画しており、このような検討の進め方も増えています。

IoTやAIなどのように、部分的には人の能力よりもシステムの能力のほうがはるかに高くなった現在、私たちも発想の転換を迫られています。

# 2.10 企画者やプロマネの心構え

前節までで、IoTシステムの特徴や従来型の業務システムと異なるポイントについて解説してきました。それらを踏まえてシステム企画者やプロマネはどのような心構えで取り組むべきかを確認しておきます。

## すべてを知ろうと思わないこと

この後、徐々に細かいところに入っていきますが、IoTのシステムを企画する、あるいは統括する立場の方は**常に全体的な状況はつかんでおくべきですが、隅々まで知るべきと思わないこと**です。

デバイスを例とすれば、多数あるデバイスがそれぞれデータを取得するのに要する時間やレスポンスタイムの基準値がXms（ミリセック、ミリ秒）で、実測値としてはYmsであった、あるいは前節の例のように、あるデバイスの電波強度が -80dBmであったなどのような細かい話は知らなくても問題ないということです。

もちろんデバイスのブロックを担当しているメンバーは押さえておくべき情報ですが、システムの企画者やプロマネはそこまで知っておく必要はありません。

## 知っておくべきことのレベル

知っておくべきなのは、以下のレベルです。

- **どのようなメカニズムでデータ取得や送信がされるか**
- **データ取得や送信は設計どおりにできているか**

### ● 問題が発生するのはどのようなケースか

なぜかというと、細かいところに入ろうとすると底なし沼にはまったようになってしまうからです。書店などに足を運ぶ機会が多い方は理解できると思いますが、IoTの各デバイスやそれらを支援するツールなど、それだけで1冊の本となって販売されているくらいです。1つ1つのデバイスに習熟した上で、対象のIoTシステムの技術全体をカバーするとなると一体何冊の本を読めばいいのか、本当にきりがありません。

したがって、これまでにシステムの企画や開発に携わった方であれば、本書で解説しているような各技術の概要やメカニズムを押さえておくことで対応は充分可能です。

## 企画者やプロマネに必要な心構え

ここであらためて、企画者やプロマネの心構えも見ておきます。

### ▶「木を見て森を見ず」に陥らないこと

立場上、**細部にとらわれるのではなく全体を見ることのほうが大切**です。割り切っていえば、「森を見て木を見ず」くらいでもいいでしょう。

### ▶ ゼロベース思考

前例にとらわれずに**目の前で起きていること、あるいは見た結果を重視**します。「近い事例があって、それらと同じデバイスの使い方でいけるはずだ」のような思い込みは危険です。後述しますが、現場によって性能や前提条件が変わるので、個別の利用シーンに適したシステムと考えるべきです。

### ▶ 本当にIoTが必要か

現在、AIやRPAの導入が過熱しています。本当に必要なシーンで導入されているかというと、残念ながら不要な業務などへの導入も進んでいます。AIやRPAはソフトウェア中心の技術なので、問題が生じても元に戻すことは比較的容易ですが、IoTの場合は専用のデバイスも関わるので元に戻すのは困難です。

「**本当にIoTシステムが必要か？**」と、企画の段階でチェックすることが重要です。既存のしくみでも充分に対応できることもあります。競合が進めているからやらないといけない、といった安易な発想は危険です。

本節で紹介した3つの思考法は、常に心にとめておいてください。

**◆図2-13　プロマネに必要な3つの心構え**

## COLUMN　マイコンの専門的な知識は必要か

IoTシステムといえば、**センサー**と**マイコン**を想像する方もいます。マイコンはモジュールと呼ばれることもあります。小規模なシステムであれば、デバイス部分にセンサーとマイコンを使って自社で開発することもありますが、プロジェクトの企画者や管理者に必ずしも専門的な知識は必要ではありません。

### ▶ メーカーへの発注と自社での開発

実は中規模以上のプロジェクトでは、マイコン部分を自社で開発することはほとんどありません。やりたいことや取得したいデータに対して、販売や提供されているデバイスで用が足りるのであればそれらを活用します。もし、個別仕様として新たに開発しなければならない場合があれば、その分野で専門的なメーカーに発注します。

それはなぜでしょうか。主な理由は次のとおりです。

**<メーカーから購入する、または発注する理由>**

- 専門的な知識がないと開発するのは難しい
- できればそのときの最新のハードウェア、ソフトウェアにしたい
- 温度など一定の環境下での動作保証が保てる
- 故障や障害などが発生した場合に対応してくれる
- 品質の確保を前提とした一定以上の数量が必要

一方で、自社で開発する理由は次のとおりです。

**<自社で開発する理由>**

- メーカーに仕様や要求事項を伝えるより自社で作成したほうが早い
- 仕様が決めきれていない、手探りの状態
- 自社で開発するほうがコストがかなり抑えられる

- 数量が少ない（10個以下など）
- 開発者が現場にいて、何かあっても直ちに対応できる

メーカーに発注する理由と自社で開発する理由を比較すると、特に品質やサポート面に違いがあることがわかります。

### ▶ IoTシステムはパズルのようなもの

小規模なシステムや実証実験の段階では、自ら開発する選択がとられることが多いです。ただ、中規模以上のシステムになると相応の投資をしてシステムを開発することから、システムを止めることのリスクやサポートの観点が重要になってきます。そのため、コスト面では多少高くなる可能性があるものの、メーカーからの購入や発注が優先されます。

したがって、デバイス部分をメーカーに任せた場合、IoTシステムは、最適なデバイス、ネットワーク、サーバーの「選定」を行うある種のパズルのようになります。

### ▶ 最低限必要な知識

とはいえ、マイコンに関してまったく知らないと、プロジェクトを企画、管理する立場としても問題があると思うので最低限の知識は身につけておきましょう。

IoTシステムにおいては購入の容易さや各種のセンサーとの関係から、マイコンではRaspberry Pi（ラズベリー・パイ）やArduino（アルドゥイーノ、アルディーノ）などが選ばれます。もちろんこれら以外にも、そもそもマイコンとしてのシェアが高いmbedなどの活用もあり得ます。

なお、いきなりRaspberry Piなどで開発を進めるのではなく、プログラミング教育でも使われつつある各種のツールにまず触れてみるのもよいでしょう。

今後はマイコンを活用して自ら開発していくシーンは確実に増えていくと思われます。具体的なマイコンでの開発事例は、第10章で解説します。

Chapter 3

# IoT システムを構成するデバイス

データ取得の役割を担うデバイスは、
IoT システムの象徴的な存在です。
モノ、人、環境に応じてさまざまなタイプがあります。
あらかじめ基本的な種類や使い方を知っておくことで、
システムの企画をスムーズに進めることができます。

IoT System

# 3.1 IoTシステムの構成要素

IoTシステムを物理的に、センサー、ゲートウェイ、エッジ、ネットワーク、サーバー／クラウドの５階層で考えるとわかりやすくなるということは第１章で解説しました。この考え方にもとづいて、IoTシステムを構成する技術要素を具体的に見ていきます。

## 階層間の通信も含めたシステム構成

５階層のモデルを前提にして、それぞれの間の通信手段や実際に提供されているサービスなども踏まえて整理してみます。

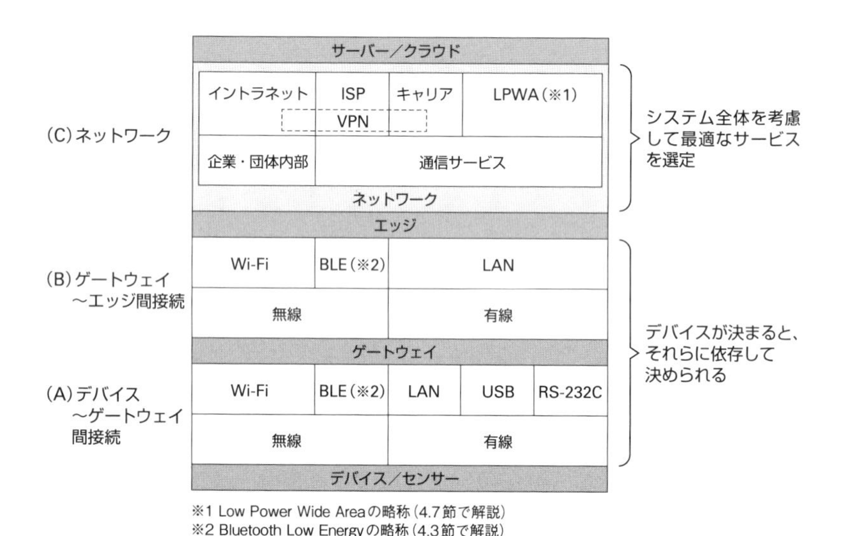


◆図3-1　IoTシステムの構成要素と主な通信手段・サービスの例

通信に関しては細かく分けると、(A) **デバイスとゲートウェイの間の接続の方法**、(B) **ゲートウェイとエッジ間の接続の方法**、(C) **ネットワーク**の3つになりますが、(A)(B) と (C) は位置づけが異なります。ネットワークはシステム全体を考慮して最適なサービスを選定しますが、(A) と (B) はデバイスが決まると、それらに依存して決められることが多いです。

もちろん細かく整理すればほかの選択肢もあり得ますが、おおまかには図3-1のような選択肢があると考えるとよいでしょう。次節からそれぞれについて詳しく見ていきます。

# 3.2 デバイスとセンサーの概略

IoTシステムにおいて、デバイスは対象となるモノや人、環境などの情報やデータを取得する重要な役割を果たします。そのため、やりたいことに対して最適なデバイスを選定することが、システムの成否を分けることになります。ここでデバイスについて整理をしておきます。

## やりたいことから考えるとわかりやすい

一般的な業務システムの場合には、PCなどのクライアント端末からデータ入力が行われ、そのデータがサーバーに集まってきます。一方、IoTではデバイスがクライアントの役割を担いますが、その種類と組み合わせは無数にあります。とはいえ何らかの基準を持って整理しないと、何がなんだかわからないということになってしまいます。

1つの基準として、欲しい情報を基点にして整理すると判断しやすくなると思います。以下のように欲しい情報やデータに着目して分類してみます。

＜欲しい情報やデータ＞

- 位置検出、動いた・動いていない
- 画像、映像
- 音声
- 環境の状況ならびに数値
- 人の体の状況

「位置」はモノや人の居場所そのもので、「動いた・動いていない」は場所ではなく移動あるいは移動していないことを確認することです。

「画像、映像」「音声」はファイルやデータで、「環境」の例としては温度や湿度、「人の体」は体温や心拍数などです。

## 主なデバイスとセンサー

ここで、やりたいことと欲しい情報を中心として、主なデバイスやセンサーの例を挙げておきます。これらはさまざまなシーンで頻繁に使われています。

| やりたいこと／欲しい情報 | | 主なデバイスやセンサーの例 |
|---|---|---|
| 位置検出、動いた・動いていない | 単体駆動 | 加速度センサー、ジャイロセンサー |
| | 複数構成 | GPS、ビーコン、RFID、Zigbeeデバイス |
| 画像、映像 | | カメラ |
| 音声 | | マイク、スピーカー、カメラ |
| 環境数値 | | 温湿度センサー、$CO_2$センサー、日射センサー |
| 人の体の状況 | | 心拍数センサー、血圧センサー |

※Zigbeeは近距離無線の規格だが、物理的なデバイスでもある

**◆図3-2　主なデバイスやセンサーの例**

## 位置や動きをとらえるデバイス

図3-2では、位置検出を**単体駆動**と**複数構成**にさらに分けています。単体駆動は**1台のハードウェアあるいはセンサーとして動作**するタイプで、複数構成は送信器と受信器のように、**無線波を発する機器と受信する機器が対になる構成で機能**します。

つまり、あるモノの位置検出や動いた・動いていないを知りたいと考

えるときに、単体でデータを取得できるデバイスと、複数のハードウェアのセットで対応するデバイスがあるということです。

## モノ、人、環境に影響を与えるデバイス

図3-2のデバイスやセンサーは、主に情報を取得する機能を提供するものでした。これらとは逆に、サーバーやエッジから命令を受けて、**対象に対して命令を実行**するデバイスもあります。

図3-2のなかでは、スピーカーとカメラがそれらにあたります。デバイスから取得した情報をサーバーに上げた結果、サーバーからスピーカーに何らかの音声を発するような命令を発行する、カメラに撮影の命令を発行するなどです。身近なところではインターネット接続可能な人型や動物型のロボットに、ネット検索などを依頼すると、その結果を音声で返すような例です。

IoTシステムでのポピュラーな例としては、特定の場所の温度センサーで温度を感知し、エアコンを制御するものなどがあります。さらに少し細かい話ですが、RFIDなどは自動で読み取るだけでなく、サーバー側から読み取り命令を発行してICタグの読み取りをする機能などもあります。

## IoTには上りと下りがある

先ほどのサーバー側からの命令は、IoTシステム全体のなかでは少数派ですが、**上りのデータ**と**下りのデータ**（主に命令やエッジのIDなどを返す）があることを覚えておいてください。

第4章以降でネットワークの話をしますが、ネットワークのサービスにおいても上りと下りは必ず意識されています。

# 3.3 単体駆動のデバイス「加速度センサー」と「ジャイロセンサー」

前節では、単体で動作するデバイスと複数のハードウェアを組み合わせて機能するデバイスがあることを解説しました。はじめに単体駆動のデバイスを見ておきます。

## 動きを検知する加速度センサー

加速度センサーとジャイロセンサーは、スマートフォンやドライブレコーダーなどで使われています。**加速度センサー**は**ある方向に対して動いている、加速していることを検知**します。速度は単位時間あたりの移動量で（例：m/s）、加速度はさらに時間で割る値（例：$m/s^2$）です。

加速度センサーの出力データの一例としては、地球がモノを引っ張る引力、あるいは重力が地球の中心に向かう加速度の約$9.8m/s^2$を基準にして出力されます。例えばスマートフォンでは、左右の動きのx軸、上下の動きのy軸、前面と背面の動きのz軸でそれぞれの加速度の値を提供します。水平の地面に置いたスマートフォンのz軸は約$9.8m/s^2$となります。

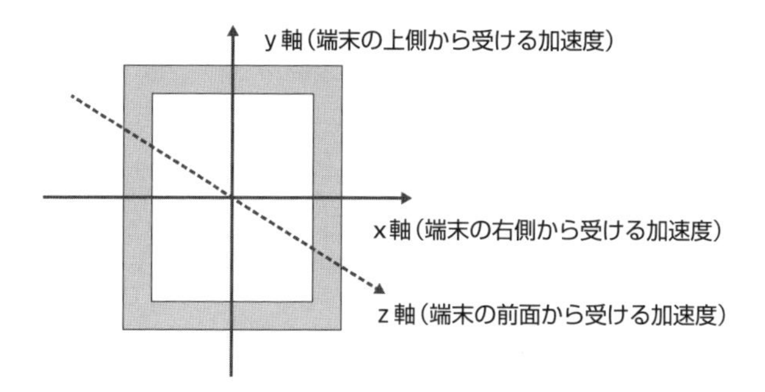


◆図3-3 スマートフォンにおける加速度センサー

| 出力データの例 | X：0.16718922<br>Y：4.25000238<br>Z：9.79999999 |
|---|---|
| データ取得のタイミング | 動いたとき |

データの取得はセンサーの値が変化したとき、つまり、動きがあったタイミングで実行されます。

## 傾きを検知するジャイロセンサー

**ジャイロセンサー**は**角速度センサー**とも呼ばれています。**傾きや角度を検知**します。スマートフォンであれば、手のひらの上に載せて指などを動かして回したときの回転の度合いを検知してくれます。別の例ではカメラの手ぶれや車の運転のハンドルのふらつきなどがあります。

ジャイロセンサーから出力される数値は、dps（degree per second）であらわします。モノが1秒間に1回転するなら360dpsとなります。

| 出力データの例 | 360 |
|---|---|
| データ取得のタイミング | 回転したとき |

ジャイロセンサーも加速度センサーと同様に、動いたときにデータが提供されます。これらのセンサーは、拡張現実（AR）や仮想現実（VR）の土台でもあります。なお、加速度センサーとジャイロセンサーの機能を併せ持ち、**振動の強弱の検知**に特化した**振動センサー**などもあります。

# 3.4 複数構成のデバイス「GPSセンサー」

本節では、複数構成で位置や動きを検出するデバイスを見ておきます。必ず「対」になる相手が存在するハードウェアです。はじめにスマートフォンでもおなじみのGPSセンサーから入ります。

## 現在地をとらえるGPSセンサー

位置や動きをとらえるセンサーのなかでも、**GPS（Global Positioning System）**は代表的な存在です。**人工衛星から発する信号をもとにして現在地を算出**するセンサーで、スマートフォンやカーナビなどでも使われています。

数メートル前後の誤差があるといわれていますが、IoTシステムとしては、製品、車両、人の位置の把握などで使われています。建機で有名なコマツのKOMTRAXや、ドライブレコーダーによるサービスもGPSが支えています。出力する主なデータは**経度**と**緯度**です。

| | |
|---|---|
| 出力データの例 | LON（Longitude、経度）：139.7454316<br>LAT（Latitude、緯度）：35.6585840 |
| データ取得のタイミングと間隔 | 100msごとなど |
| 周波数帯 | 1575.42MHz（民間用） |
| 標準規格 | 対応衛星ならびにNMEA0183ほか |

出力データは経度と緯度のほかに、**GPSセンサーのID**や**日時データ**などがあります。一般に販売されているGPSセンサーのデータ取得のタイミングは、100msなどを基準として、さらに間隔を長くあるいは短くするなどの設定が可能です。周波数帯は1575.42MHz（民間用）で、ほかの無線機器との干渉はほぼありません。屋内やトンネルなどの人工衛星からの無線波を捕捉できない場所でなければ利用できるので、利用者は仕様や性能を気にすることはほぼないでしょう。

図3-4は、GPSセンサーを利用してトラックに行き先の指示を出すシステムの一例のイメージです。

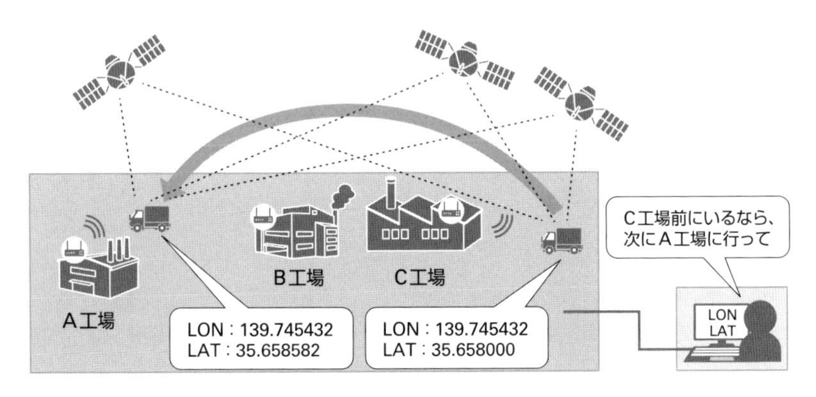


**◆図3-4　GPSセンサーによる位置の捕捉**

利用者が意識することはほとんどありませんが、物理的には人工衛星とGPSセンサーとのセットなので複数構成に位置づけています。

# 複数構成のデバイス「ビーコン」

**ビーコンは、電波を発するビーコンデバイス（送信器）とセンサー（受信器）の組み合わせで構成されます。例えば人に関して利用する場合に、人がビーコンデバイスを持つ場合もあれば、センサーを持つこともある興味深いデバイスです。**

## 電波で位置を把握するビーコン

電波を発信する**ビーコンデバイス（発信器）**と、電波を受信して電波の強度を示す受信側の**センサー（レシーバー、受信器）**とで、おおまかな位置や距離を検知します。

IoTシステムとしては位置や動きの検出で使われることが多いのですが、アップルの**iBeacon**のように小さいデータ量での情報発信と受信という新たな使い方もあります。iBeaconは、後述する**Bluetooth Low Energy（BLE）**を活用して、店舗の入り口や外壁などにビーコンデバイスを設置しておいて、前を通ったiPhoneを持っている人が店舗の情報などを取得するしくみです。

このように書くと、送信と受信で１対１のように見えるかもしれませんが、実際にはビーコン１に対してセンサーn、あるいはm:nとなります。測定したいモノや人の位置や数量によって、ビーコンとセンサーのそれぞれの数量のバランスは変わります。一般に利用されているビーコンの周波数帯は2.4GHzです。

ビーコンを壁などに取り付けて定期間隔で電波を発信させることで、その部屋に人が「入った」「入ったまま」「出た」などがわかります。センサーからは、ビーコンの送信器から送信される電波をどれくらいの強

| 出力データの例 | Date：20191231<br>Time：14:15:00<br>ID：00001<br>RSSI：- 80 |
|---|---|
| データ取得のタイミング | 通信範囲内に入ったとき |
| 周波数帯 | 2.4GHz |
| 通信距離 | 10m前後 |
| 通信間隔 | 毎秒など、設定で変更可能 |
| 標準規格 | 特になし |

さで受信しているかを示す数値**RSSI（Received Signal Strength Indicator、受信電波強度）**を出力します。

センサーが日時データと合わせてビーコンのIDとRSSIを時系列的に保持します。

基本的には、送信器と受信器の距離が遠くなると電波強度は弱まります。それらのデータを解析することで、だいたいの居場所や移動を確認できます。

ビーコンセンサーには専用の**ゲートウェイに接続するタイプ**のほかに、センサーが取得したデータを**Wi-FiやBLE経由で送信できるタイプ**も増えています。データの送信（受信）は、1秒などを基準として利用シーンに合わせて調整します。

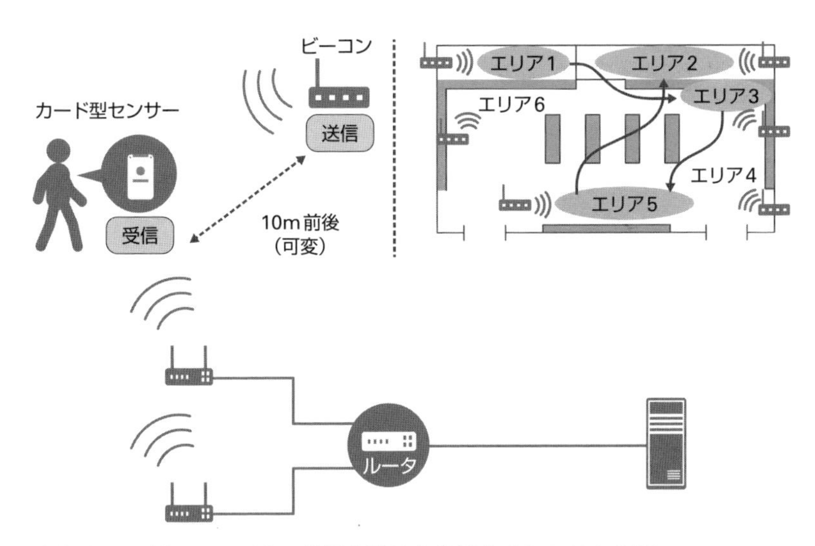


◆図3-5　ビーコンで人の位置や動線を分析するシステムの例

## ビーコンは大きな意味で2種類ある

ビーコンと一言で呼んでいますが、活用法と形状はさまざまです。わかりやすくするために、人と建物を例として説明します。

### (1) 建物の壁などに発信器を設置して、人が受信器を持つ場合

受信器は小さいが、発信器は比較的大きい

### (2) 人が発信器を持って、建物に受信器がある場合

発信器、受信器ともに小さい

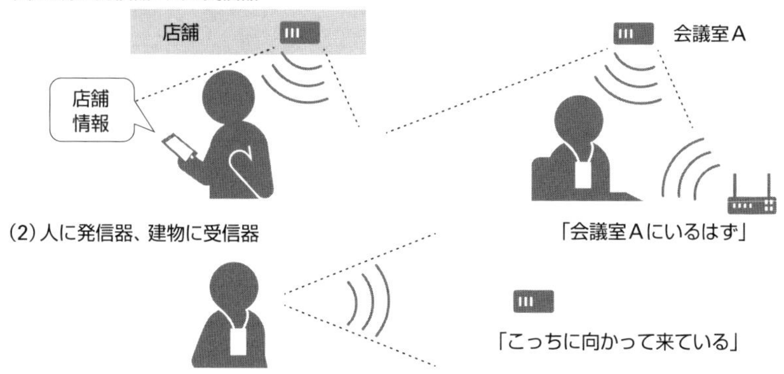


**◆図3-6　ビーコンは2種類ある**

ビーコンから学べるのは、受信器と発信器の使い方に対して固定観念を持ってしまいがちですが、逆の利用もできると考えると発想の幅が広がるということです。

# 3.6 電波強度とは何か？

前節でのビーコンの解説でも述べましたが、近距離無線のシステムでは電波強度について押さえておく必要があります。本節であらためて確認しておきます。

## 電波強度の計算式

**電波強度**は、無線機器においては重要な用語です。文字どおり受信する電波の強さということですが、単位としては**dBm（デシベルミリワット）**であらわします。

dBmは、**1mW（ミリワット）を基準値として、そのときの電波の信号を0（ゼロ）dBm**とする相対的な単位です。そのため、小さい場合はマイナス表記になりますが、計算式はxdBm＝10log(x)mWとなります。

例えば、40mWをdBmにすると、10log(40)=16で16dBmとなります。0.1mWは10log(0.1)= - 10dBmに、さらに弱い0.000001mWは - 60dBmに、0.00000001mWは - 80dBmになります。

計算式　xdBm ＝ 10log(x)mW　　0dBm ＝ 10log(1)

40mW → 10log(40) ＝ 16dBm
0.1mW → 10log(0.1) ＝ - 10dBm
0.000001mW → - 60dBm
0.00000001mW → - 80dBm

小数点の0が増えていくと-10ずつ減少していきます。慣れると電波の強弱がつかみやすい数値です。

ビーコンデバイスからの電波はかなり弱いので、2.8節の出力データの例のように「-80dBm」などの値であらわされることが実際によくあります。電力が大きければ強い電波を発することができますが、一方でほかの無線機器や人体に悪影響を及ぼす可能性があります。日本の監督官庁は総務省ですが、各国の監督官庁などにより「無線機器ごとに何dBmまで」というように基準値が定められています。国によってこれらの基準値が異なるので、無線機器そのものの仕様が異なることがあります。

筆者もたびたび経験しましたが、海外製の無線機器を、現地仕様と日本向け仕様で比較すると、日本仕様の出力が低いことがよくあります。これは日本で許容される電波出力が海外よりも低いことによります。

## 電波強度の測定

電波強度を測定するツールや機器にはさまざまなものがあります。無線を利用するIoTデバイスに添付されていることが多いです。

第7章で解説しますが、無線機の適切な性能が出ているかの確認、機器のチューニングをする際の指標として活用します。

# 複数構成のデバイス「RFID」

「RFID（ICタグ）が位置や動きを認識？」と思われる方もいらっしゃるかもしれません。アパレルのレジでの精算でも、人間が商品を動かしてRFIDの通信範囲に入れてスキャンしています。つまり、商品は動いています。

## RFIDとは？

RFIDは、正式には**Radio Frequency Identification**と呼ばれ、電波を用いて非接触でデータキャリアを認識する自動認識技術の1つ

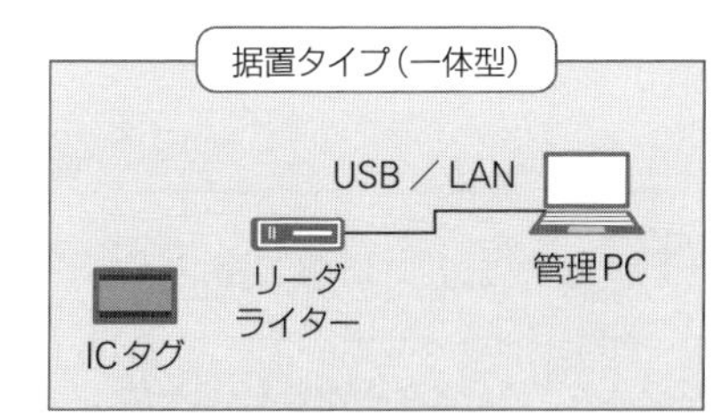


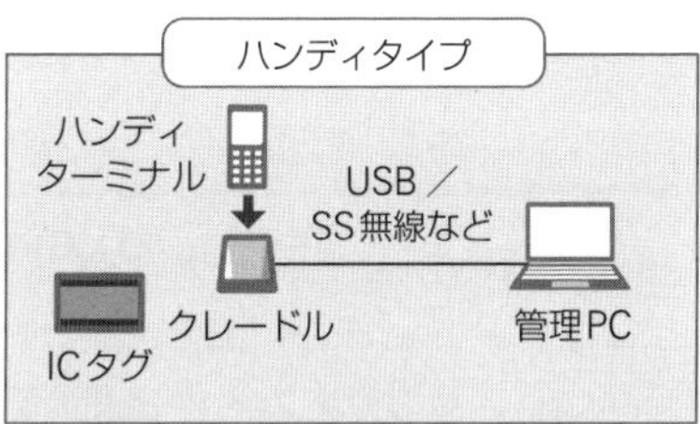


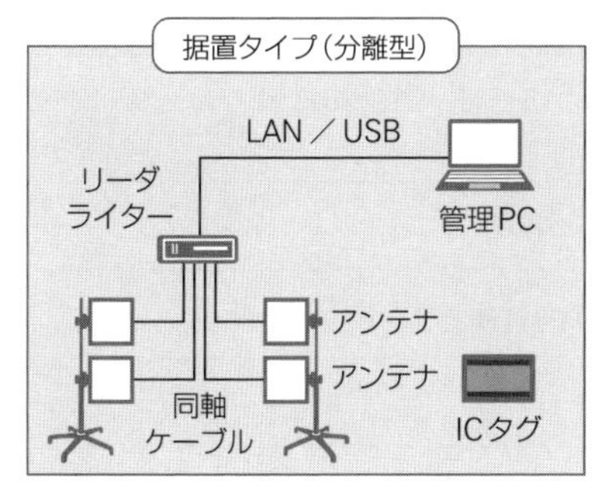


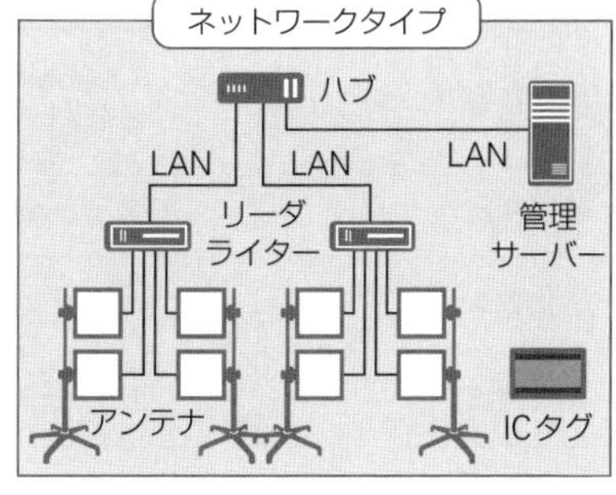


◆図3-7　RFIDシステムの構成

です。データを保存する**ICタグ（チップ）**とデータの読み書きをする**リーダライター**、**アンテナ**、**PC**で構成されます。

メモリ機能があるICチップと小型のアンテナが埋め込まれた電子の荷札（ICタグ）とリーダライターが無線で通信し、個々のIDの識別やデータの読み書きを非接触で実行します。業務や用途に合わせて多様な構成で対応できます。

日本国内では、13.56MHz、UHF帯（915〜930MHzの一部）、2.4GHzなどが主に使われています。通信距離は、それぞれ数十cmから5m程度です。

リーダライターとアンテナが一体のタイプとリーダライターから複数のアンテナを接続できる分離型のタイプがあり、用途によって使い分けがされています。ほかにも、ハンディターミナルを利用したハンディタイプや、ハブを介したネットワークタイプがあります。

ICタグの内部には、製造段階で付与される各タグに**固有のID番号**のほかに**ユーザーメモリ領域**があります。IDは規格にもよりますが64bitのバイナリ形式などです。

| | |
|---|---|
| 出力データの例 | ID：ABC00001<br>ユーザーメモリ領域：ISBN9784798160054 |
| データ取得のタイミング | 通信範囲内に入ったとき、または読み取り指示があったとき |
| 周波数帯 | 13.56MHz、UHF帯（915〜930MHzの一部）、2.4GHz |
| 通信距離 | 数十cm〜5m程度 |
| 通信速度 | 40〜200Kbps程度 |
| 通信間隔 | 100ms前後 |
| 標準規格 | ISO18000-63、ISO18000-6 TypeBほか |

アパレルの精算などでは、ユーザーメモリ領域に商品コードなどをあらかじめ書き込んでおいてレジで読み取りをしています。**メモリ領域にデータを書き込んで使える**というのもICタグの大きな特徴です。ちなみに、電波を発するのはリーダライターやリーダライターに接続されているアンテナです。ICタグは受け取るだけです。アパレルのほかには、物流や工場の現場などで活用されています。

なお、ICタグには、ISO18000-63、ISO18000-6 TypeBなどの規格があります。リーダライターとICタグの規格が合っていないと読み取りや書き込みができないので、活用の際には規格の確認が必要です。

なお、ICタグのデータ読み取り（データ取得）に関しては、**オペレーターによる操作やプログラムで指示したタイミングによるコマンド発行後に読み取るモード**と、**通信範囲内に入ったら自動的に読み取るモード**の2種類があります。アパレルなどでは後者のモードが利用されています。

また、リーダライターからICタグへのアクセス方法としては、**1枚のICタグを読み取るメソッド**と**複数枚を一括して同時に読み取るメソッド**があります。電波環境が良好で読み取りの方法が決まっているケースなどでは、利便性の観点から後者が選択されます。

RFIDは、リーダライターかICタグのいずれかが動くなかで使われることが多いですが、一部には静止している物品の情報を書き込んだラベルとして利用されることもあります。

## 自ら無線波を発するアクティブタグ

**アクティブタグ**と呼ばれているICタグは、電池を内蔵しており、タグが電波を受け取るのではなく自ら無線波を発してリーダライターに通信をするタイプです。アクティブタグの通信距離は10〜20mで、主に工場などで利用されています。

なお、一般的なICタグはアクティブに対して**パッシブ**と呼ばれています。ここでそれぞれを比較して見ておきます。

| 主なICタグの種類 | 周波数帯 | 通信距離 | 規格 |
|---|---|---|---|
| パッシブ | 13.56MHz | 数十cm | ISO15693 |
| | UHF帯<br>(915〜930MHzの一部) | 1〜5m | ISO18000-63<br>ISO18000-6 TypeB<br>ほか |
| | 2.4GHz | 1m前後 | ISO18000-4<br>ほか |
| アクティブ | 304MHz or 315MHz | 10〜20m | 独自規格 |

**◆図3-8　ICタグの通信距離と規格**

このようにRFIDといっても、さまざまな種類があります。

# 3.8 複数構成のデバイス「Zigbee」

Zigbeeは、複数構成のデバイスのなかでも特別な存在です。位置や動きをとらえるだけでなく、独自のネットワークをつくることもできます。ただし、扱いが容易ではないので利用シーンはまだまだ少ないです。

## Zigbeeデバイスの活用法

**Zigbee**デバイスは、アクティブタグと同様に自ら電池を内蔵して無線波を発します。特徴として以下が挙げられます。

- 省電力設計なので**電池が長持ち**する
- **通信距離が長く数十メートル前後**
- Zigbee同士で**リレー式に中継**ができる

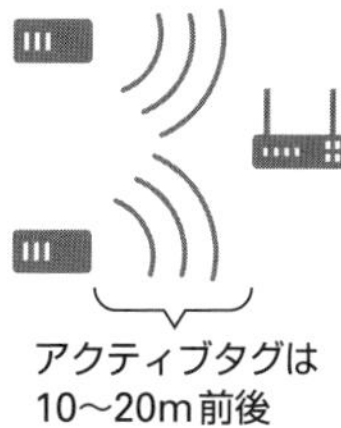


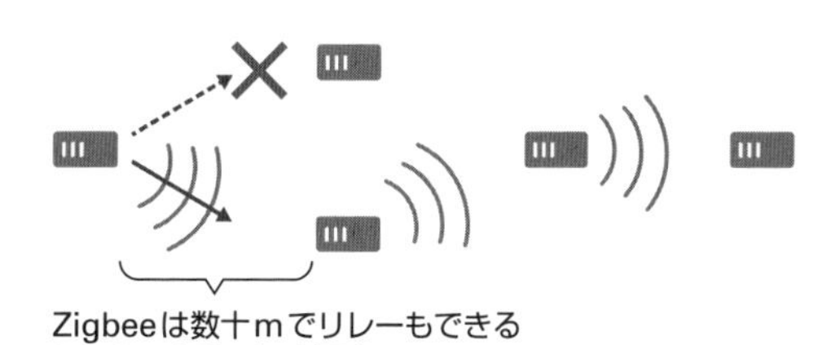


◆図3-9 Zigbeeデバイスの特徴

ICタグやアクティブタグとは異なり、**広い敷地内でのモノの位置や状態の把握**、**ネットワーク設備のない建物内での利用**などに向いています。海外では個人宅のセキュリティなどでも利用されています。

Zigbeeデバイスも、固有の64bitのアドレスとメモリ領域を持っています。規格はZigbee Allianceが策定しています。Zigbee自体はIEEE 802.15.4という2.4GHz帯の近距離無線の通信規格の1つなのですが、ネットワークの手段として活用するのは難しいです。その理由は次のとおりです。

- TCP/IPのように、IPアドレスを保有しているデバイスすべてにつながることはなく、Zigbeeデバイス同士に限定されている
- 通信可能な範囲にZigbeeデバイスをばらまいて、直ちにネットワークができあがることはなく、Zigbeeルータ、エンドルータ、コーディネーターなどのしくみの専用設計が必要である
- 送りたいデータをデバイス内部のメモリに書き込まないといけないので、ネットワーク機器がデータを送るような自由度は持っていない

とはいえ、固有の形態のネットワーク（スター、ツリー、メッシュ）、マルチホップ通信、最適な経路探索などの能力と、電池駆動で何カ月も持つことを考慮すれば、さまざまな可能性があることは事実です。

今後、Zigbeeのようなメッシュネットワークを実現できるデバイスは増えていくと思われます。後継技術として、日本発の「**UNISONet**」などがあります。

## 各デバイスの特徴を把握しておくことが重要

複数構成のデバイスとして、GPSセンサー、ビーコン、RFID、Zigbeeデバイスを紹介してきました。それぞれの機能や特徴をあらかじめ知っていると、用途やアイデアに対してパズルのように当てはめることができます。

# 3.9 画像の認識

**画像認識は、デバイスとしてはデジタルカメラになりますが、いまやIoTでは外すことのできない技術となっています。画像認識は、実態としてAIの活用が増えていますが、基本的なことを確認しておきます。**

## 画像認識の対象

画像は、対象から考えると**人**と**モノ**の2つに大きく分けられます。対象の具体的な例を挙げてみます。

- 人　：体全体、顔、指紋、静脈、ほか
- モノ：（例）車、ナンバープレート、製品、構造物、ほか

モノは多岐にわたるのであくまで例示です。人もモノも、全体でとらえる場合と、一部や部品で見る場合があります。

## 画像の取得前に調整すること

画像の取得に際しては、**画角**（がかく）を対象に合わせて定める必要があります。画角はカメラなどで撮影できる範囲を角度で示したものですが、どこにカメラを設置してどのような角度で撮影するかということです。

屋外や太陽光のある場所、灯りのある場所などでは影が生じたり、光が反射したりします。影や反射があると対象が認識しにくくなります。撮影に入る前に、このような課題をできるだけ調整します。

## 画像認識の基本

例として、2つの画像のなかに含まれている対象が同じモノであるか、どのように認識するかを見ておきます。

- Step1：全体として色と形は一致しているか
- Step2：ピクセル単位で色と形は一致しているか

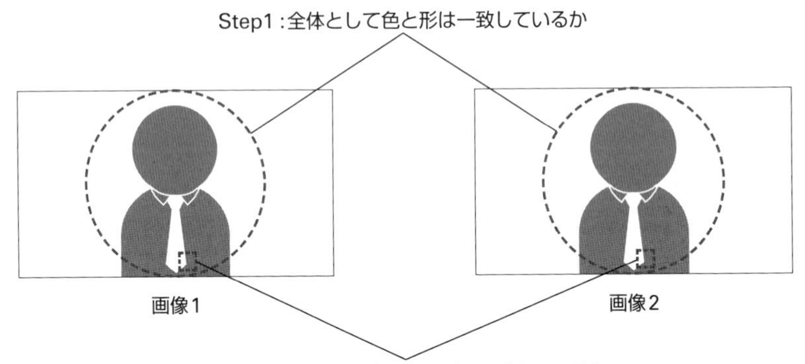


◆図3-10　画像認識の基本的な考え方

## 必要とされる画素

現在は、デジタルカメラやスマホなどでも2,000万画素を超える画素数のカメラが搭載されていたりします。もちろん、画素数が大きければ画像は鮮明になります。一方でファイルサイズが大きくなることからデータ送受信の問題が生じやすくなり、カメラ自体の性能が高いとデバイスとしての価格も上がります。

そのために画像認識のシステムでは、PoCを実施した上で用が足りるレベルの画素数にとどめます。人やモノがカメラの前にいる、あるいはカメラの前を通るなどの認識であれば、200万画素程度で済ませることもできます。工場や屋内でのモノの判別でも、500万画素程度で可能です。一方、微妙な色彩の判断が要求される植物などでは、数千万画素が必要となることもあります。

## 色の識別はHSVモデルが主流

補足として色の識別についても触れておきます。以前は、赤（Red）、緑（Green）、青（Blue）から構成される**RGBカラーモデル**が伝統的に用いられてきました。近年は、色相（Hue）、彩度（Saturation）、明度（Value）の3つの成分から構成される色空間である**HSVモデル**の利用も増えつつあります。人が色を認識する方法にHSVモデルのほうが近いとされているからです。

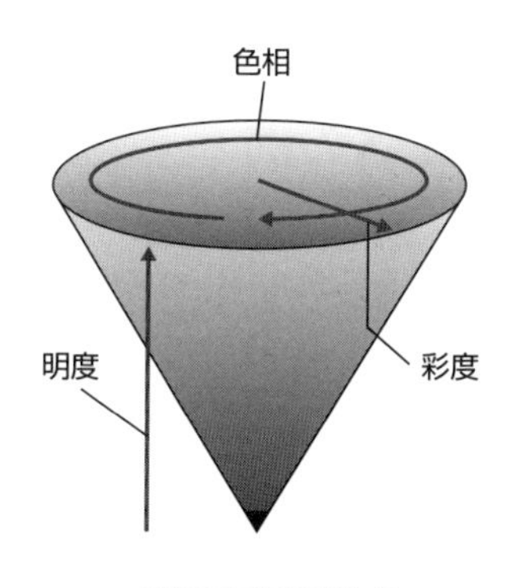


**◆図3-11　円錐であらわしたHSVモデル**

工場などで部品が正しく装着されているかどうかを確認する事例などでは、HSVモデルの活用が増えています。

# 3.10 音声の認識

スマートフォンの進化やAIスピーカーの登場により、音声認識も個人にとって身近な技術となっています。

## 音声認識と音響認識

**音声認識技術**は、AIスピーカーやロボットの浸透で注目を浴びつつあります。音声認識は、音のなかから人の声を認識することに特化しているので、そのように呼ばれています。これに対して、特定の周波数の音を聞き分ける技術は**音響認識**と呼ばれています。人の声の周波数帯は、100Hzから4,000Hz前後といわれています。

## 音声認識デバイスの例

音声を認識するデバイスは、形状も含めて多様化しています。**AIスピーカー**や人やペット型の**ロボット**も身近な存在になりつつありますが、業務という観点ではPCやスマートフォンに内蔵されている**マイク**が最も身近な存在です。日常的に利用している電話機も主役の1つです。特化したデバイスでは、**接話型マイク**なども挙げられます。

◆図3-12　各種の音声認識デバイス

## センサーとしての音声認識

例えばAIスピーカーでは、「OK、グーグル」「アレクサ」のような短くてわかりやすい言葉をスタートの合図にしています。これは音声認識ソフトを常時実行させるのは大変なことから、ある言葉が来たらその直後に命令が来るというような運用をしています。ユーザーならびに開発者の双方にとって優れたルールであると感じます。

音声認識も画像と同様にできるだけ音声以外の雑音が入りにくくすることが重要です。音声認識も画像と同様に、**ディープラーニング**の活用が進んでいる分野です。

# 3.11 環境の状況の数値化

IoTセンサーのなかには、人やモノとは別に環境の状況を数値化するものも数多くあります。ここでは一部を例として取り上げます。

##  工場などで使われる温湿度センサー

環境の状況をとらえるIoTセンサーの代表的な例として、**温湿度センサー**があります。周囲の温度や湿度を計測して、電気的な信号として出力します。主に、工場やデータセンター、農場などで利用されています。単純な測定や分析から制御装置への指示に至るまで、使われ方はさまざまです。

温湿度センサーには、センサーだけで販売されていて、購入者がマイコンなどを使ってデータ化やデータ転送をするタイプと、それらがすでに一体化されていてデバイスとして提供されているものがあります。

##  農場などで使われる$CO_2$センサー

**$CO_2$濃度を測定するセンサー**もあります。農場であれば植物の光合成のプロセスの判断材料として、事務所であれば快適な職場の1指標として使われています。いずれも、制御装置としては換気装置が主な相手となります。こちらも機能ごとに分かれているタイプと一体型とがあります。

## 車載用が多い日射センサー

**日射センサー**は日差しの強弱を検知して、空調の制御装置などに連動します。分離されているタイプと一体型があります。最もよく使われているのは車載用といわれていますが、農業や気象観測の分野で今後ますます展開されていくと思われます。

## 環境を測定するセンサーには限りがない

環境の状況を測定するセンサーで代表的な例を挙げましたが、これ以外にもかなりの種類があります。図3-13に一部を挙げておきます。

| 名称 | 機能 | 利用例 |
|---|---|---|
| 光センサー | 光の強弱を測る | 液晶画面の明るさ、電灯利用の基準(照度センサーも光センサーの一種とする意見もある) |
| 風速センサー | 風速を測る | 気象、車両運行管理 |
| 地磁気センサー | 地磁気を測る、方位磁針の電子版 | 電化製品、電子機器の部品 |
| 騒音センサー | 騒音を数値化する | 建設現場 |
| 粉塵、埃などのセンサー | 粉塵や埃を数値化する | 工場のクリーン化 |
| 超音波センサー、3Dレーザーセンサー | 人やモノの有無、距離を数値化 | 動きの変化の把握、衝突防止、駐車車両の有無 |

**◆図3-13 その他の環境を数値化するセンサーの例**

すべてを利用することはないと思いますが、知っておくことで、アイデア形成の支援を含めさまざまなシーンで役立つでしょう。

# 3.12 人体の状況の数値化

スマートフォンと連動して健康管理をするしくみが広がりつつあります。代表的な例として、スマートウォッチによる心拍数の測定があります。

## スマートウォッチに搭載される心拍数センサー

心拍数センサーは、スマートウォッチの登場で身近になりました。センサーとアプリケーションを組み合わせることで、心拍数を測定、表示するだけでなく、カロリー計算や時系列での分析なども提供してくれています。スマートウォッチでのデータ取得という観点では、血圧センサーなどもあります。

## 体に貼り付ける体温センサーほか

心拍数や血圧ほど知られてはいませんが、もちろん体温の測定もセンサーでできます。主に手首以外の体の部位に貼り付けます。人間よりもむしろ家畜での利用が拡大しています。近年、非接触タイプの研究も進んでいるようです。

## その他のセンサー

人そのものというより、人感センサーのように人が近づいたことを示すセンサーや歩行をはじめとして運動量をあらわすセンサー、人の奥深い部分を測定する脳波センサーや心の状態をあらわすセンサーなど、環境と同様にさまざまなものがあります。

## COLUMN 学習のすすめ

### ▶ IoTシステムの学習に際して

IoTシステムの学習を本格的に始めたいのであれば、デバイスで取得したデータをネットワーク経由でサーバーに上げて、サーバー側で何らかの処理を実行させるのが基本です。ネットワークサービスでもデバイスと合わせてすぐに試せるものもあるので、今後に向けて本格的に始動したいのであればこのあたりをお勧めします。

### ▶ エントリーに最適な学習素材

IoTプロジェクトへの参画が予定されているのなら、上記の学習などが適切ですが、近い将来に向けて何か準備しておきたい、できるだけやさしいものがよいということであれば、ソニーグループが提供している**MESH（メッシュ）**と英国生まれの**micro:bit（マイクロビット）**をお勧めします。

### ▶ MESHでの学習

MESHは、**ブロック**と呼ばれるIoTデバイスとアプリケーションから構成されています。

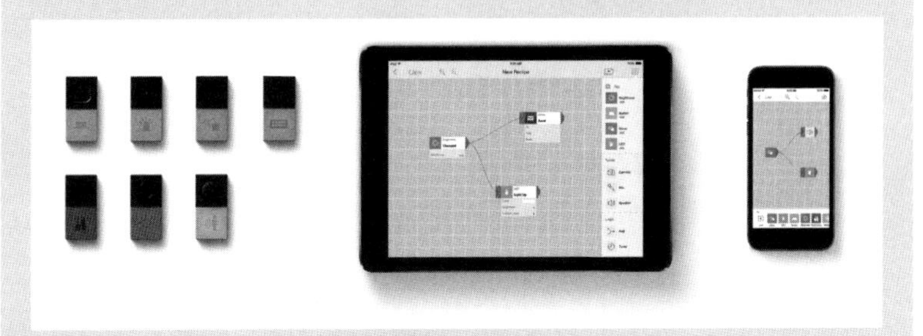

◆図3-14 ブロック形状のMESH

ブロックには、温度・湿度のほかに、明るさ、動き、人感などさまざまなタイプがあります。ブロックのサイズは幅24mm×高さ48mm×奥行き12mmで統一されていて、1日に10回程度の通信であれば電池は1カ月程度もつとのことです。

iOS、Android、Windows10などに対応しているMESHアプリをタブレットやスマートフォンにインストールすれば、MESHアプリ上でブロックからBLE経由でデータを取得できます。

SDKも提供されているので、MESHアプリ上で動作する独自の**カスタムソフトウェアブロック**の開発も可能です。例えば、カスタムブロックで温度を取得するのであれば、温度・湿度ブロックと作成したカスタムブロックを接続してデータを取得します。

### ▶ micro:bitでの学習

micro:bitは、MESHとRaspberry Piなどとの中間にあたる素材と考えています。micro:bitは、英国の学校での情報教育を目的として開発された小型のマイコンボードです。サイズは縦約4cm×横5cmで、厚さは搭載するセンサーなどで変わってきます。

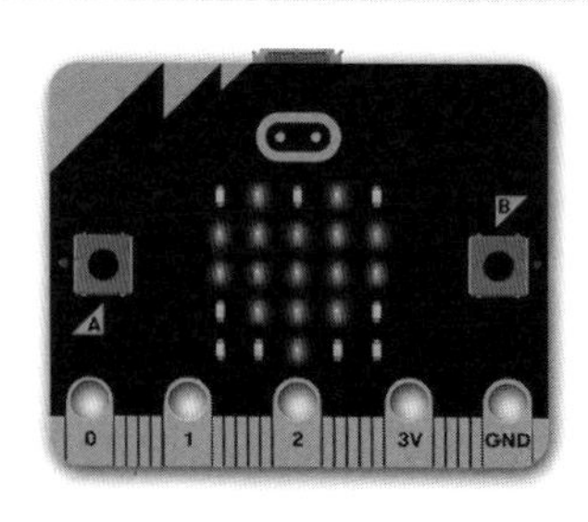


**◆図3-15　micro:bitのマイコンボード（https://microbit.org/ja/）**

micro:bitをマイクロUSBでコンピューターと接続して、JavaScriptやPythonなどでプログラミングをします。micro:bitもMESHと同様にiOS、Android、Windows 10などに対応しています。

特徴的なのは、ピンと呼ばれている5つの穴と定規のメモリのような20個のコネクタ、合わせて計25個の外部接続用コネクタがあることです。これらがさまざまな電子機器との接続を可能にします。

### ▶ プログラミング教育がIoTシステムを進化させる

ここで紹介したMESHやmicro:bitを活用した教育は、すでに一部の小中学校などで始まっています。子供のころからIoTや状況によってはAIと親しんでいる世代が育っているのですから、彼ら彼女らが大人になるころには今よりも進化したIoTシステムが出現するのは間違いないでしょう。

さまざまなIoTの技術素材が少額で手に入る時代です。思い立ったときに始めてはいかがでしょうか。

Chapter 4

# IoT システムを構成する ネットワークとサーバー

第３章では基本的なデバイスについて確認しました。
デバイスで取得されたデータは、ゲートウェイやエッジ、
そしてネットワークを経由してサーバーに届けられます。
サーバーでは必要な処理が実行されます。
本章では、デバイスでのデータ取得の先に存在する
構成要素について解説します。

IoT System

# 4.1 業務システムにおけるネットワーク

従来型の業務システムは、サーバーとクライアントを中心として構成されるいわゆるクラサバシステムです。ネットワークには主にLANが活用されています。はじめに、クラサバシステムのネットワークについて念のために確認をしておきます。

## クラサバシステムのネットワークの基本はLAN

クライアントとサーバーのネットワーク接続の基本は**LAN**で、**TCP/IPプロトコル**で通信を行っています。近年はオフィスのフリーアドレス化やノートブックやタブレットなどの持ち運びできる端末の利用が増えていることから、無線LANの利用も増えています。

サーバーの設置されている場所と事業所が別の場合には、通信事業者

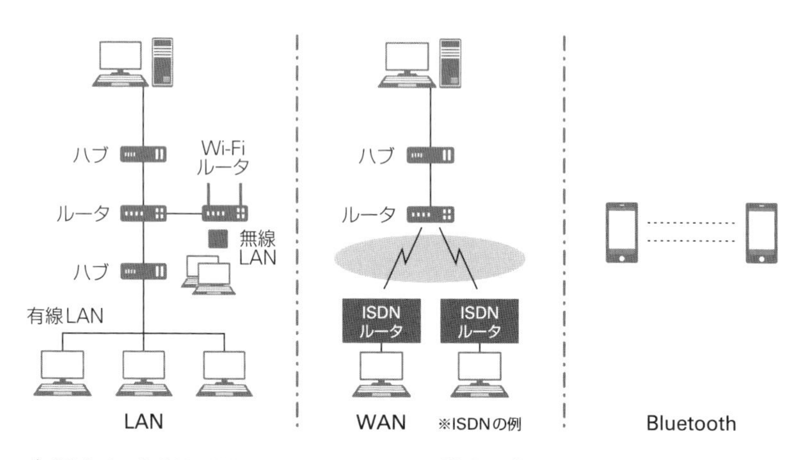


◆図4-1　LAN、WAN、Bluetoothの構成の違い

が提供している**WAN**も利用しています。WANといえば現在は専用線がメインですが、一部には**ISDN**なども残っています。ISDNは2024年にサービスが終了になると発表されています。

LANとWAN、そして**Bluetooth**では、システムとしての構成が図4-1のように大きく異なります。

参考として、クラサバではなく、端末同士で通信を行うBluetoothも右側に入れています。既存の業務システムをIoT化する場合には、図4-1のLANを中心とした構成になります。

## サーバーによるクライアントの識別

サーバーと配下のコンピューターの間では、互いに**IPアドレス**で呼びかけます。IPアドレスはネットワークで通信相手を識別するための番号で、現在でも主流のIPv4では、0から255までの数字を点で4つに区切ってあらわされます。

IPアドレスはコンピューターのソフトウェアが認識するコンピュー

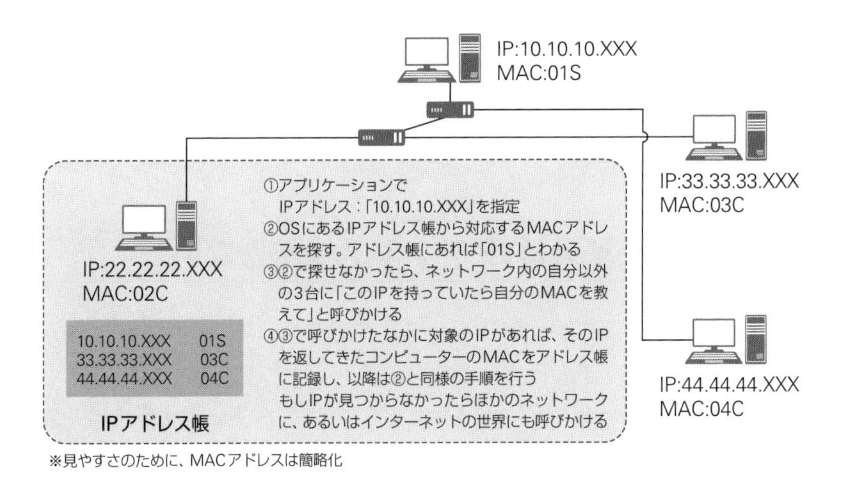


◆図4-2　IPアドレスで相手を特定してMACアドレスで確認する

ターの住所で、ハードウェアが認識する住所としては**MACアドレス**があります。MACアドレスは自身の属しているネットワーク内でハードウェアを特定するための番号で、2桁の英数字6つであらわされます。

ここでIPアドレスとMACアドレスの関係を見ておきます。アプリケーションでIPアドレスを指定し、アドレス帳をもとにMACアドレスを確認します。IPアドレスとMACアドレスが確認できたら、目的地であるサーバーに向けてデータを送ります。図4-3のように1つ1つ進んでいきます。

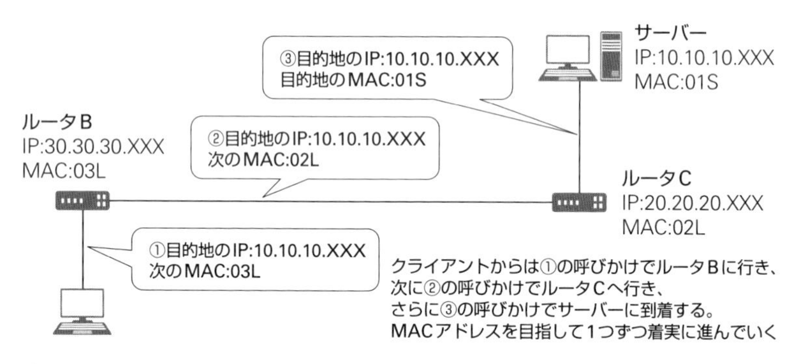


**◆図4-3　サーバーに向けてデータを送る**

これらのステップはOSを中心として、ユーザーが意識することなく瞬時に進んでいきます。

## IoTデバイスはIPアドレスを持たない

クラサバシステムでは、IPアドレスがあって互いに呼びかけをしています。ところが、IoTのデバイスの大半はIPアドレスを持たないことが多いのです。センサーでデータを取得して、ゲートウェイ以降でデータの集約や転送をする場合には、**IPアドレスを持つのはゲートウェイ以降**です。

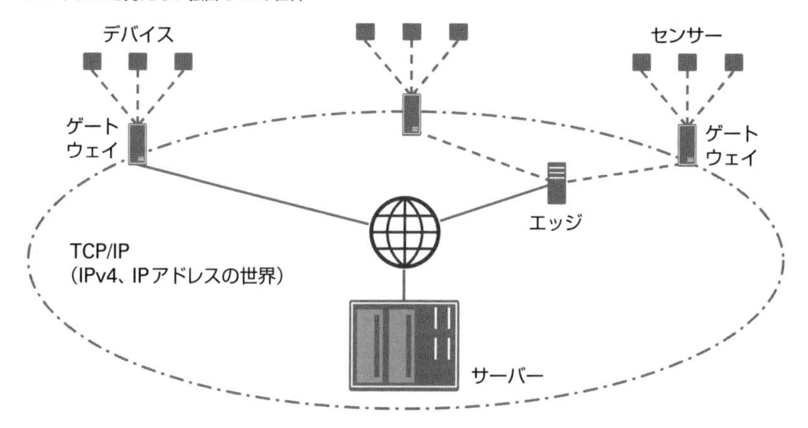


◆図4-4 ゲートウェイからサーバーまではIPアドレスを持つ

## ゲートウェイ以降はクラサバと同じ

ゲートウェイとサーバー間のやり取りはIPアドレスがあるので、先ほどクラサバの例で紹介した流れと同様です。なお、デバイスはそれぞれの識別のために、MACアドレスに相当するハードウェアごとのIDは持っています。これがないとどの機器から上がってきたデータなのかが識別できなくなるからです。

**IPv6**が普及すると、超小型のセンサーも含めた**すべてのデバイスにIPアドレスが割り当てられるようになる**といわれています。IPv4ではIPアドレスの上限が2の32乗でしたが、IPv6では2の128乗にもなります。現時点では限られた運用ですが、IPv6のもとですべてのハードウェアがTCP/IPのネットワークで接続できるようになると、クラサバと同じ構造となることから、IoTシステムの企画や開発も確かに便利になります。

## サーバーとクライアントとのデータのやり取り

関連してサーバーと配下のコンピューターとのデータのやり取りについても見ておきます。4階層で示すことができる**TCP/IPプロトコル**が使われています。

TCP/IPは図4-5のように、**アプリケーション層**、**トランスポート層**、**インターネット層**、**ネットワークインターフェイス層**から構成されます。階層の階段を下って上るようにしてデータが届けられます。

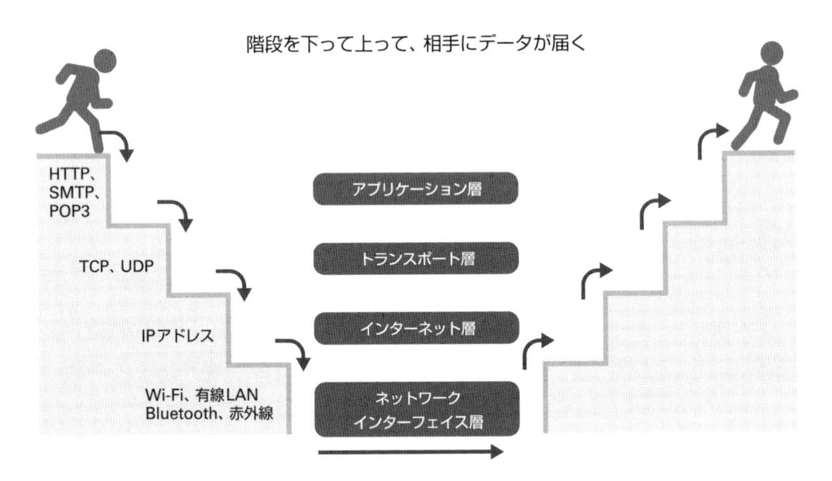


**◆図4-5　TCP/IPの4階層**

サーバーとクライアントのアプリケーションソフトの間では、データのフォーマットや送受信の手順を決めておく必要があります。例としてWebでおなじみの**HTTP**（**HyperText Transfer Protocol**）、メールの**SMTP**や**POP3**などがありますが、これらはアプリケーション層のプロトコルと呼ばれています。

どのようにしてデータを届けるかがトランスポート層の役割ですが、これには2つのプロトコルがあります。電話のように一度相手に接続したら切るまで送信先を意識することなく継続的にデータをやり取りする**TCPプロトコル**と、データを送るたびに送信先とデータを明示する**UDPプロトコル**です。

続いてデータのやり取りの決めごと、「送る」「届いた」などの次にどのようなコースをたどるかですが、インターネット層でIPアドレスを使ってコースが決められます。

コースが決まったら最後は物理的な手段ですが、Wi-Fi、有線LAN、Bluetooth、赤外線など、通信の物理的な層はネットワークインターフェイス層と呼ばれています。

## IoTのアプリケーション層のプロトコル

図4-5のアプリケーション層のHTTPは主にWebブラウザとWebサーバー間で利用されるプロトコルです。IoTでも同様に、エッジやデバイスからサーバーやクラウドにアクセスしますが、その際はHTTPより軽い**MQTT（Message Queueing Telemetry Transport）**などのプロトコルが使われることもあります。

HTTPはブラウザからWebサーバーに対して、毎回リクエストを上げて回答を得ますが、ヘッダー情報も含むので回数を重ねるとデータ量が大きくなります。一方、MQTTでは**いったん接続を確立すると、以降は必要なデータだけを送るしくみ**です。データ送受信の回数が多くなるほどMQTTのほうが効率的にデータを送ることができるので、定期的にデバイスからデータを上げるような通信ではMQTTが好まれます。

例えば温度のような小さいデータを、単純に変化を見るために送り続けるときなどは、できるだけ小さいままのデータで送りたいのでMQTTが選択されます。

# 4.2 IoTシステムにおけるネットワーク

**業務システムや業務システムのIoT化ではLANが中心です。一方、新たなIoTシステムを導入する場合には、必ずしも従来型の業務システムと同じネットワークである必要はありません。やりたいことに応じた最適なネットワークを選定するべきです。**

## デバイスとゲートウェイ・エッジ間の通信

IoTシステムのデバイスとゲートウェイ間通信では、図3-1でも見たように、有線であればLAN、USB、RS-232Cなどが、無線ではWi-FiやBLEが使われることが多くなっています。もちろん、現実的には少数派ではありますが、物理的なシリアル通信によるデータ転送なども存在はしています。しかしながら、現時点ではWi-FiとBLEに集約される方向に向かいつつあります。

ネットワークやサーバーに近くなるとIPネットワークになることから、有線LAN、Wi-Fi、BLEなどに絞られます。

## 利用されるネットワークの種類

IoTのネットワークでは、企業や団体の内部に整備されているLANを中心としたイントラネットでサーバーにデータを送る場合もあれば、キャリアを中心とする通信サービスを利用することもあります。拠点間の通信では、**VPN（Virtual Private Network）**を利用することが増えています。

携帯事業者のネットワーク、ISP、IoT専用のサービスとして近年注目を浴びつつある**LPWA（Low Power Wide Area）**も見ておきましょう。なお、第３章で解説したデバイスも含めて、無線の通信手段の通信距離と通信速度を整理しておきます。

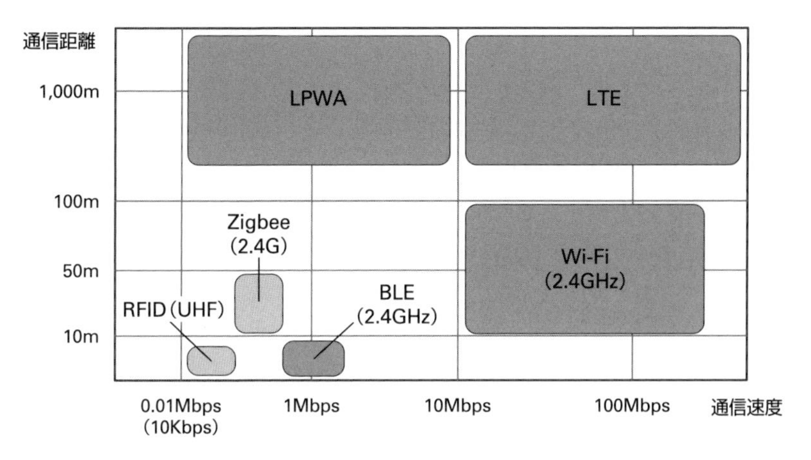


**◆図4-6　通信手段の通信距離と速度の関係**

RFIDやZigbeeは近距離無線通信の規格でもありますが、通信距離・速度ともに低く、デバイスとしては活躍できても、データをサーバーに向けてアップロードする手段としては適切ではないことがわかります。

# 4.3 デバイスとゲートウェイ間の通信

デバイスとゲートウェイ間の通信は、デバイスによってある程度決まってきますが、IoTらしいのはBLEやWi-Fiなどの無線接続です。ここではBLEとWi-Fiを見ておきます。

## BLEによる通信

デバイスとゲートウェイ間の通信で利用されるBLEは、ペアリングのように1対1の通信が専門と考えてしまいがちですが、1対多の通信も可能です。**通信速度は1Mbps程度**で、**通信距離も10m程度**ありますから、デバイスとゲートウェイの間で充分活用することができます。

BLEはBluetooth 4.0以降の仕様ですが、以前のBluetoothと比べるとシンプルなプロトコルで、低消費電力、同時接続デバイス数の増加、低コスト化などを実現しています。さらに同じ2.4GHzの周波数帯の電波干渉対策なども実装されています。2.4GHzの代表的なものとして、Wi-Fiや電子レンジなどがありますが、BLEには電波の干渉を防ぐ機能があります。

### 参考 電波の干渉を防ぐしくみ（1）チャネルの割り当て

BLEとWi-Fiを例にすると、周波数帯は細かい単位で**チャネル**に分かれています。BLEとWi-Fiは同じ2.4GHzの周波数帯でも異なるチャネルを使うので、それぞれの電波は干渉しないようになっています。

BLEはWi-Fiなどが利用する2.4GHz周波数帯のうち、ごく一部のチャネル（Ch37,38,39）のみを利用する
Wi-Fiが利用するチャネルと異なることから電波の干渉を回避できる

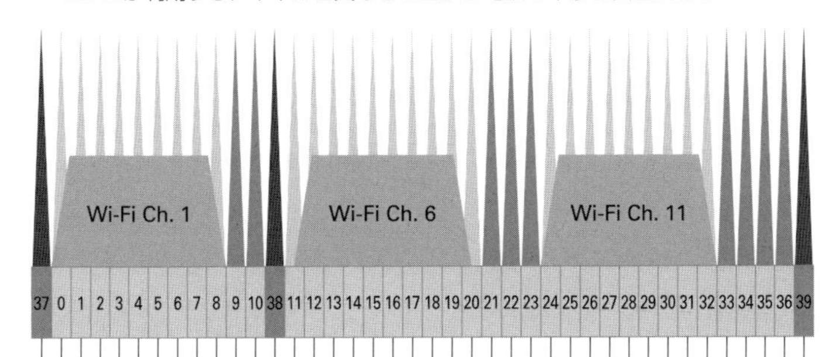


2402 MHz 2406 MHz 2410 MHz 2414 MHz 2418 MHz 2422 MHz 2426 MHz 2430 MHz 2434 MHz 2438 MHz 2442 MHz 2446 MHz 2450 MHz 2454 MHz 2458 MHz 2462 MHz 2466 MHz 2470 MHz 2474 MHz 2478 MHz

周波数

2404 MHz 2408 MHz 2412 MHz 2416 MHz 2420 MHz 2424 MHz 2428 MHz 2432 MHz 2436 MHz 2440 MHz 2444 MHz 2448 MHz 2452 MHz 2456 MHz 2460 MHz 2464 MHz 2468 MHz 2472 MHz 2476 MHz 2480 MHz

※BLE仕様などを参考に作成

**◆図4-7　BLEの電波干渉を防ぐしくみ**

## 参考　電波の干渉を防ぐしくみ（2）キャリアセンス

（1）では、チャネルが多数あって互いに干渉を防いでいることを説明しました。続いて、例えば2つのデバイスが共通のチャネルの電波を同時に送信しようとしたらどうなるかを考えてみます。

BLEには、送信を開始する前に別のデバイスが送信を開始しようとするチャネルの利用を確認し、同じチャネルでの送信を行わないしくみがあります。これを**キャリアセンス**といいます。キャリア（搬送波）をセンス（検知）するしくみであることからキャリアセンスと呼ばれています。

これらのチャネルの割り当てやキャリアセンスのしくみは、2.4GHzのほかにも、UHF帯のRFIDで同様のものがありますが一層厳格です。

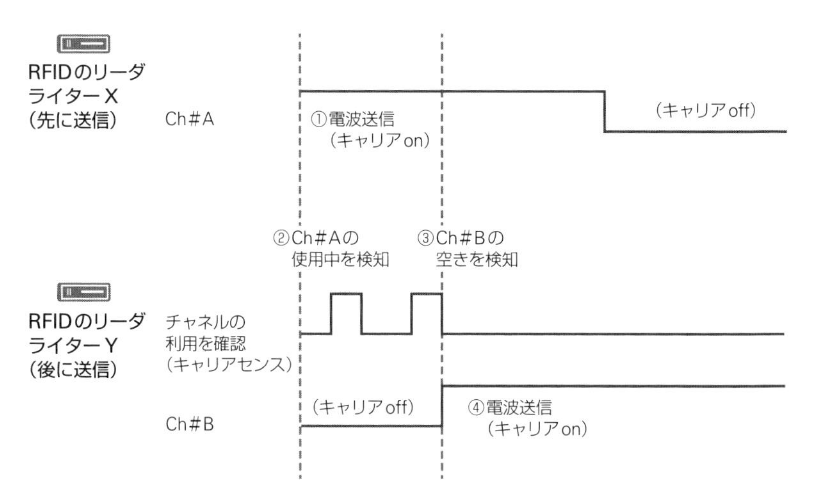


◆図4-8　RFIDのLBTの例

**Listen Before Talk（LBT）**と呼ばれていますが、多数存在するリーダライターのなかで、あるリーダライターが読み取り処理をする前に、ほかのリーダライターからの電波の送信の有無を確認します。その上で、同じ周波数帯を避けて電波を送信するため、待ち時間や送信時間までもが細かく定められています。

なお、BLEでは干渉を防ぐしくみとは別に、バージョン4.2からIPv6の対応も発表されています。将来さまざまな機器にIPアドレスが振り分けられることを考えても、BLEは期待が持てる仕様になっています。

## Wi-Fiによる通信

Wi-Fi Allianceが国際標準規格のIEEE 802.11の機器で相互接続を認定した機器をWi-Fi対応機器として、相互接続ができたことで普及が進み、無線LANの性能が向上してきました。

現在販売されているWi-Fiルータの**通信速度は、300Mbps前後**となっています。理論値はかなり大きいので、今後の性能向上も期待されます。**通信距離は100m程度**あるので、ある程度離れたところでも通信が可能です。ただし、事務所内や家庭などでは構造物による電波の吸収や反射などがあり、性能は減衰して10〜20m程度にとどまります。いずれにしても、Wi-FiはBLEと並んでデバイスとゲートウェイ間の接続の中心となりつつあります。

ここで参考のためにRS-232CとUSBについても見ておきます。

## RS-232CとUSB

**RS-232C**は**通信速度が20Kbps**で**ケーブル長は最大15m**です。以前はさまざまな機器で利用されていましたが、USBの普及で目にすることは減ってきました。

**USB**はRS-232Cと比べると、物理的に小さい点や給電能力があるなどの明確な差があります。さらに、**USB2.0の通信速度は理論値で480Mbps**、**USB3.0は5Gbps**で、**ケーブル長は5m**ですがUSBハブを通じて延長できます。また、搭載したいハードウェアに応じて「ミニ」などサイズを選択できるので、さまざまなセンサーや機器に普及してきました。

| 名称 | RS-232C | USB |
|---|---|---|
| 通信速度 | 20Kbps | USB2.0: 480Mbps<br>USB3.0: 5Gbps |
| ケーブル長 | 最大15m | 最大5m、USBハブを使って延長可能 |
| 給電能力 | なし | あり |
| コネクタの種類 | 1種類 | TypeA、B、C、マイクロ、ミニなど多数 |

◆図4-9　RS-232CとUSBの特徴

なお、ゲートウェイとエッジ間の接続の説明については、ほぼ同様の通信となるので割愛します。

# 4.4 ゲートウェイとエッジ

**ゲートウェイとエッジは、IoTシステムにおいてなくてはならない機能です。デバイスによってはそれぞれが別のハードウェアとして存在したり、あるいはPCに2つの機能が集約されたりと、少しわかりにくい存在でもあります。**

## ゲートウェイとは？

**ゲートウェイ**とは、異なるネットワークを接続するコンピューターをあらわします。IoTのゲートウェイは4.1節で解説したように、デバイス独自のネットワークからTCP/IPのネットワークに接続するコンピューターを指します。

## ゲートウェイの3つの機能

ゲートウェイの機能は次の3つに集約されます。

### ▶ データ変換

センサーがバイナリで作成したデータをテキスト形式などに変換します。

### ▶ データストア

センサーはデータを保持することができないので、ストレージとしての機能を提供します。

### ▶ データ送信

TCP/IPネットワークの一員として、エッジやサーバーなどの相手に向けてデータを送信します。

## 物理的な存在としてのゲートウェイ

ゲートウェイの機能を整理したところで、次に物理的な存在を確認します。物理的な存在としても以下の3つに分類されます。

### ▶ PCやスマートフォン

IPネットワークに接続する役割です。ゲートウェイとしての象徴的な役割を果たします。主にPCやスマートフォンが担当します。

### ▶ センサーに固有の装置

例えば、画像を取得して送信する機能があるカメラなどがIPアドレスを持っていることもあります。ドライブレコーダーなどもこのようなタイプで、デバイスとゲートウェイの機能を兼ねています。RFIDのように、リーダライターがPCに接続する仕様となっているタイプもあります。

### ▶ ゲートウェイ専用のマイコン

センサーとサーバーの間に入る専用の機器として位置づけられます。さまざまなセンサーと接続して、IPネットワークにおいて有線LAN、Wi-FiやBLEなど、よく利用されている接続でサーバーに向けてデータを送信します。さまざまな企業から製品が提供されていますが、ゲートウェイや**通信モジュール**などの呼び方で販売されています。いずれに対しても設定や開発が必要になります。

ゲートウェイの機能ならびに物理的な存在を示すと、図4-10のようになります。センサーやデバイスから送られてくるデータの変換（①）、それらのデータのストア（②）、そしてサーバーなど上位へのデータの送信（③）といった機能があります。

物理的な姿としては、マイコン、PC、スマートフォン、ゲートウェイの機能を持つデバイスなどのようにさまざまです。

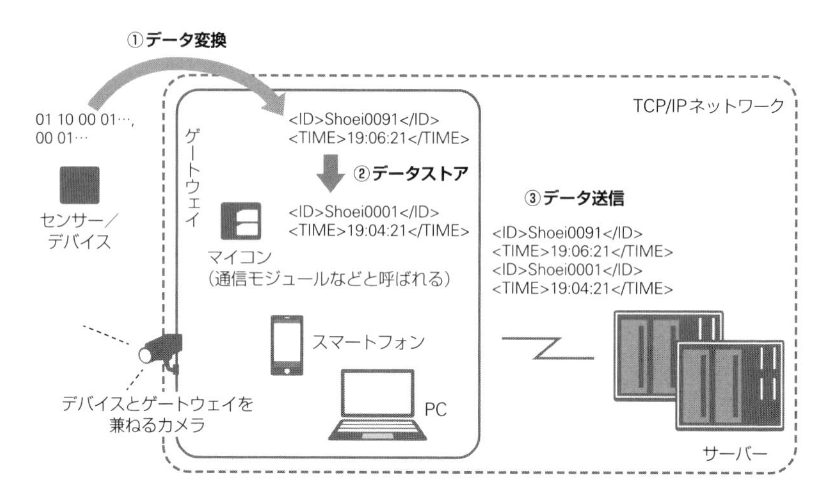


**◆図4-10　ゲートウェイの機能と物理的な姿**

なお、ここではわかりやすさのためにエッジは除いています。

## エッジの機能

エッジは、**本来であればサーバーで行う処理を部分的に代行**するものです。ただ、すべてのデータをサーバーにアップロードして、すべての処理をサーバーで行うとなると、サーバーやネットワークの負荷はかなり高くなります。そこで、デバイスやゲートウェイとサーバーの間にエッジを置き、対応可能な処理を実行することで、システム全体の負荷を下げるとともに、レスポンスのよいシステムを実現します。

エッジはIoTに特徴的な機能といわれることがありますが、IT業界全体で期待されている分野です。Webシステムなどでは、端末側で分析した結果をもとにサーバー側での処理を実行するという使われ方もあります。

## 物理的な存在としてのエッジ

エッジは、センサーやゲートウェイから上がってきたデータに対してデータ処理を実行することから、物理的な存在としては**PC**や**スマートフォン**、あるいは**小規模なサーバー**となります。デバイスメーカーからは、ゲートウェイやエッジ専用のモジュールも提供されています。なお、ゲートウェイとエッジの機能を1台のPCなどに入れ込むこともあります。

## エッジが実行する処理

エッジが実行する処理として代表的な例を挙げておきます。

### ▶ データの削除と選別

これまでも例示してきましたが、エッジでは不要なデータの削除をします。または、削除するのと結果的には同様な形になりますが、捨てるというより必要なデータを抽出して選別します。

### ▶ メッセージングや一部処理の実行

センサーやデバイスから上がってきた異常値などを直ちにメッセージとして関係者に知らせます。もちろんサーバーにも通知しますが、エッジの段階で対応したほうがサーバーで実行するより早く通知することができます。メッセージングも典型的な機能の1つですが、即時性が要求される処理はサーバー側で行うよりも、データを取得するタイミングが早いエッジで行うのが適切です。

### ▶ AIによる処理

エッジにAIを置いて人と同じような判断をさせます。実装としては、画像や音声の認識などの事例が増えています。この場合、サーバー側は各エッジをとりまとめる位置づけとなります。なお、第10章でも解説しますが、デバイスでエッジの機能まで実行するという考え方も出てきています。

ここまで説明してきたエッジの機能をゲートウェイも入れて図4-11に示します。

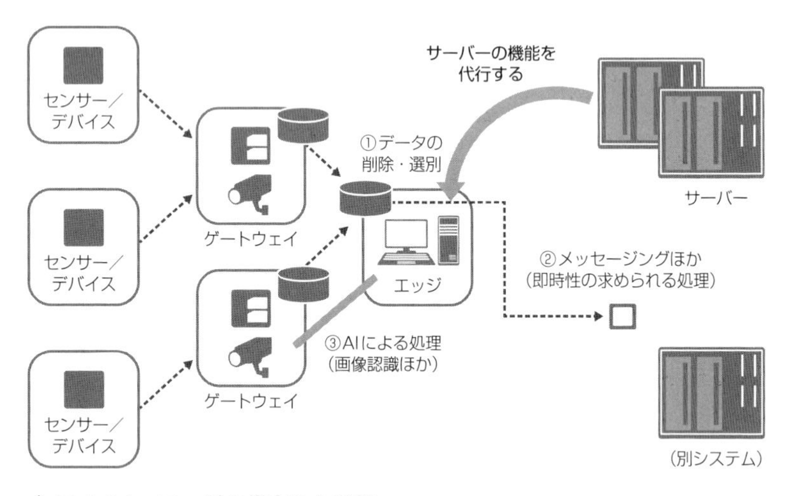


◆図4-11　エッジの代表的な機能

## エッジとゲートウェイは分けるべきか？

大前提として、IoTシステムにおいてエッジが必要不可欠かを検討する必要があります。センサーから上がってくるデータが大量でなければ、サーバーで行う処理を代行させる必要はないため、エッジは不要です。一方で、デバイスによってはマイコン型のゲートウェイでデータを変換・集約するのが必須というタイプもありますから、その場合はエッジは必要となります。

エッジとゲートウェイの設定や機能の分担に関しては、**システムの規模や拡張性などからの検討**が必要です。IoTシステムが多様であることから、現時点でこれがベストと言い切ることは困難です。しかしながら、ネットワークやサーバーの負荷を軽減するという発想は必要です。

# 4.5 データ形式と変換

**センサーやデバイスで取得されたデータは、そのままテキストデータとしてゲートウェイに送信されることもあれば、バイナリデータで送信されることもあります。ゲートウェイでのデータ変換について見ておきます。**

## ゲートウェイで変換されるデータ形式

デバイスやゲートウェイでバイナリからテキストベースに変換される形式は、次の3つが中心になります。いずれもテキストベースのデータ形式です。

### ▶CSV（Comma-Separated Values）

値をカンマ（","）で区切ります。「カンマ区切り」などと呼ばれることもあります。データ全体をコンパクトにまとめることができ、さまざまなシステム間の連携に使われています。CSVの状態ではデータの羅列で、構造化はされていません。

### ▶XML（eXtensible Markup Language）

値をタグ（<>）で囲むとともに、親子関係などもあらわすことができます。タグや項目名などを含むことからファイルサイズが大きくなりますが、わかりやすく構造化することができます。

### ▶JSON（JavaScript Object Notation）

CSVとXMLの中間にあたる形式です。システムにJavaScriptが使われていると相性がよいです。

いずれも各デバイスやゲートウェイで使われています。ここまでを踏まえて図4-12の例で見てみます。GPSセンサーから送られてきた2つのレコードを例としています。

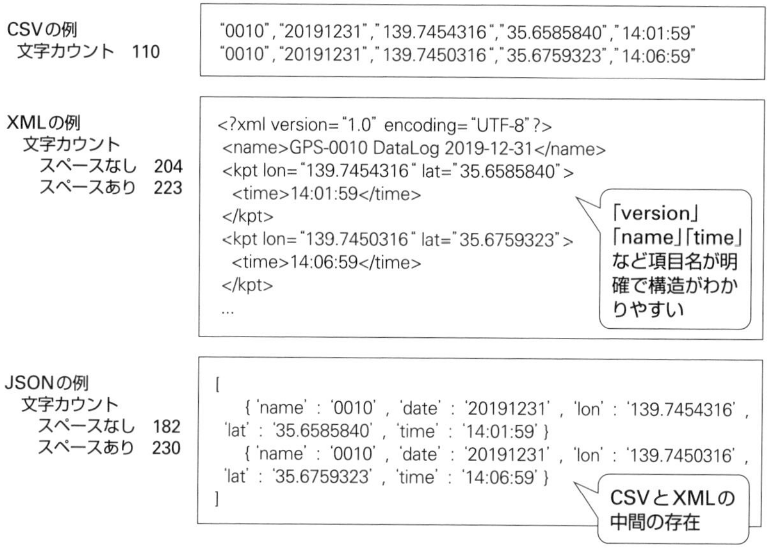

CSVの例
文字カウント 110

```
"0010","20191231","139.7454316","35.6585840","14:01:59"
"0010","20191231","139.7450316","35.6759323","14:06:59"
```

XMLの例
文字カウント
スペースなし 204
スペースあり 223

```
<?xml version="1.0" encoding="UTF-8"?>
<name>GPS-0010 DataLog 2019-12-31</name>
<kpt lon="139.7454316" lat="35.6585840">
  <time>14:01:59</time>
</kpt>
<kpt lon="139.7450316" lat="35.6759323">
  <time>14:06:59</time>
</kpt>
...
```

「version」「name」「time」など項目名が明確で構造がわかりやすい

JSONの例
文字カウント
スペースなし 182
スペースあり 230

```
[
  { 'name' : '0010' , 'date' : '20191231' , 'lon' : '139.7454316' ,
'lat' : '35.6585840' , 'time' : '14:01:59' }
  { 'name' : '0010' , 'date' : '20191231' , 'lon' : '139.7450316' ,
'lat' : '35.6759323' , 'time' : '14:06:59' }
]
```

CSVとXMLの中間の存在

**◆図4-12 CSV、XML、JSONのデータ形式の違い**

CSVを見ただけではGPSのデータと理解することは難しいでしょう。一方、XMLは構造と項目名が明確なので一目でわかります。JSONは、CSVとXMLの中間にあたります。

JSONのほうがXMLよりファイルサイズが小さいといわれていますが、データの重複を避ける構造の定義の仕方によっては、XMLのほうが小さくなることもあり得ます。

# 4.6 エッジとサーバー間の通信

ゲートウェイまでの通信はWi-FiやBLEでも処理できますが、サーバーに向けての通信となるとイントラネットやキャリアネットワークが必要となります。

## 自社サーバーの活用なら企業内イントラネット

企業内イントラネットを利用するのは、新たにIoTシステムを導入したり、新たなサービスを開始したりする際、自社のオンプレミスのサーバーを活用する場合です。既存システムのIoT化の場合も、このような企業内のイントラネットを活用します。拠点間の通信では、VPNの利用が増えています。

## スマホの活用ならキャリアネットワーク

スマートフォンなどを活用したサービスの場合は、携帯キャリアのネットワークを利用することになります。一般的にキャリア網はコストが高くなるものの、厳重な管理のもとでの品質とセキュリティの高さが魅力です。

## 少ないデータ量ならLPWA

数年前からIoTシステム向けのネットワークサービスとして**LPWA**が注目されています。消費電力を抑えて広範囲でデータ容量の少ない通信を実現するためのネットワークです。IoT向けのネットワークサービスということもできます。

LPWAは携帯電話でおなじみの**LTE（Long Term Evolution**、第4世代を意味することが多い）の回線や基地局に相乗りし、利用されていなかった隙間の周波数帯を活用する規格があります。

なお、LPWAについては次節で詳しく解説します。

## ISPも候補に

インターネットのサービスを提供しているプロバイダのネットワークの利用です。さまざまなサービスがありますが、キャリアやLPWAとともに検討の候補としたほうがよいでしょう。

# 4.7 LPWAの規格とサービス

LPWAはIoT向けのネットワークとして期待を集めています。実態としてはまだまだ発展途上です。ここで代表的な規格やサービスを見ておきます。

## 主要なLPWA

図4-13に主要なLPWAを整理しました。

| 名称 | LTE Category 1 (Cat.1) | LTE-M※1 | NB-IoT | LoRaWAN | Sigfox |
| --- | --- | --- | --- | --- | --- |
| 周波数帯 | 800MHz、2GHz、ほか | | | 920MHz | 920MHz |
| 通信速度　下り | 10Mbps | 300Kbps | 27Kbps | 0.3～5Kbps※2 | 600bps |
| 通信速度　上り | 5Mbps | 375Kbps | 63Kbps | | 100bps |
| 省電力 | △ | △ | ○ | ○ | ○ |

※1　キャリアによって名称ならびに公開されている仕様が異なる
※2　参考値

◆図4-13　日本国内の主要なLPWA

**LTE Category1（Cat.1）**、**LTE-M**は既存のLTEの回線と基地局の隙間を使う形でサービスがすでに提供されています。それなりの通信速度があることから、画像の送信などにも使えます。

また、**NB-IoT（Narrowband IoT）**や**LoRaWAN**は、NTTドコモ、KDDI、ソフトバンクなどの主要キャリア各社が展開と整備を進めています。実証実験の場などでは確実に利用できるようになっていますが、使いたい場所で通信できるかどうかはその都度確認が必要です。

　通信範囲は日本全土にはならないものの、最低限の通信速度や低消費電力に抑えられることなどから、IoTに適した新たな通信サービスとして期待されています。
　なお、Sigfoxについては次節で詳しく解説します。

## LPWAの現在

　LTEで優れたサービスを提供している企業であれば、LTEの流れをくんでいるCat.1などを推奨しています。また、IoTビジネスの拡大を図りたい企業であればNB-IoTなどを推奨しています。いずれにしても、数カ月単位でインフラの整備やサービスの内容が変動するので、適宜事業者に確認する必要があります。
　以上のことから、推奨規格であるLTE Cat.1やLTE-Mはすぐに見積もりをしてもらえますが、NB-IoTやLoRaWANは展開状況やその他の理由から個別の見積もりとなっているのが現状です。通信キャリアが5Gの展開に注力している時期という背景もあります。
　留意すべきは、デバイスから基地局までの通信料金と、キャリアからデータを取得するためのVPNなどのサービスの料金の両方が、1つのデバイスあるいは回線ごとに必要になるということです。回線数が多ければディスカウントが大きいこともあるでしょう。いずれにしても、個別に要件を提示して見てもらう必要があります。セキュリティのしくみなども、キャリアによって異なるので個別に確認してください。

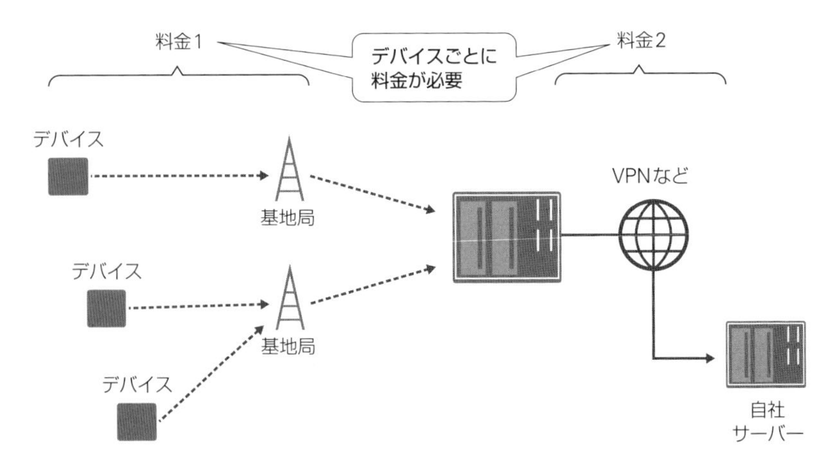


◆図4-14　LPWAの運用ならびに契約上の留意点

# 4.8 Sigfoxの特徴

Sigfox（シグフォックス）はLPWAのなかでも比較的すぐに使えるサービスで、サービス概要と料金がわかりやすいことから、IoTネットワークサービスのベンチマークとしても活用することができます。

## Sigfoxとは？

**Sigfox**はフランスのSigfox社が提供しているIoT向けの通信規格です。日本では京セラコミュニケーションシステムが事業者となっています。**小容量、低速、低コストが魅力**のIoT専用のネットワークサービスです。日本国内では2017年から基地局の展開を進めており、現時点で人口カバー率95％まで実現しています。グローバルには65カ国で展開されています。

以下のURLで日本ならびに海外のサービスエリアが確認できます。

**Sigfoxのサービスエリア**

URL https://www.sigfox.com/en/coverage

Sigfoxの最大の特徴は、シンプルなシステム構成という点です。利用者はデバイスから基地局にデータを上げることができれば活用できます。登場人物は、①**Sigfoxモジュール（デバイス）**、②**Sigfox基地局**、③**Sigfoxクラウド**、④**Sigfoxクラウドに接続可能な自社のサーバーやクラウドサービス**の４者です。回線契約に加えてデバイスのIDと認証コードなどを登録すれば、直ちに利用することができます。

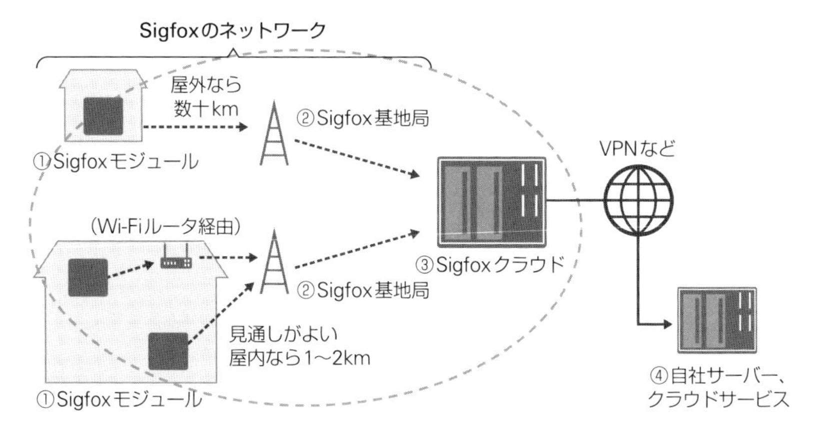


◆**図4-15　Sigfoxを活用したシステム構成のイメージ**

**通信仕様**

- 周波数帯：920MHz（ユーザーは免許不要）
- 通信速度：上り100bps、下り600bps
- 通信容量：上り12バイト、下り8バイト
- 通信回数：上り最大140回／日、下り最大4回／日

活用のイメージは水道やガスのメーター、オイルタンクなどを人が現地へ出向くことなく検針する、パレットやコンテナの国内外の位置情報を取得するなどです。最近では、個人宅でドアや冷蔵庫が開いたことの検知などでも利用されています。例えば、高価で特殊なパレットなどが日本国内だけでなく、海外のどこに行っているかなどもすぐに管理することができます。

位置検出は、基地局、GPS、Wi-Fiなどで、利用シーンに合わせて使い分けます。測位として取得できるデータは経度、緯度の情報で、タイムスタンプは受信した基地局で加えます。デバイスからのメッセージは

1基地局のみではなく、受信可能な基地局すべてで受信して1つのデータとして管理されます。Sigfoxのクラウドに蓄積されるデータは、自社で用意したサーバーなどから取りにいきます。

## 利用料金の例

まずは触ってみたいという開発者などの個人向けには、buy.sigfox.comを通じて、1回線からの購入ができます。Sigfoxのパートナー企業などからは、1年間の回線使用料つきのデバイスも販売されています。

法人が実証実験やPoCのフェーズで利用する際は、京セラコミュニケーションシステムと無料のチャネルパートナー契約を結ぶ必要があります。商用で利用するには有償のサービス契約が必要になりますが、利用料金は、1回線あたり年間500～700円程度です。100万回線を超える規模であれば、1回線あたり年間100円を切る可能性もあります。回線料金のほかには、初期費用やデバイスに関連する費用が必要となります。

全体として広域での少量のデータ通信、低コストを目指す運用に向いています。システムの規模やエリアに対して比較的少ない投資でIoTシステムとネットワークを実現できる可能性があります。

## 屋内での利用

屋内での測位はWi-Fiルータとの組み合わせで実現します。Wi-Fiルータが持っているMACアドレスをデータとして載せることで、ある基地局の配下のどのWi-Fiルータが受信しているかという情報により、おおまかに位置を特定します。

したがって、例えばAというWi-Fiルータの近くにデバイスが存在することはわかるので、厳密でなければ位置検出は可能です。もちろん

Wi-Fiのサービス料金は必要となります。

## LoRaとSigfox

**LoRa（ローラ）WAN**は、LoRa Allianceの無線通信規格でSigfoxと同様に免許不要の920MHzの周波数帯を利用しています。日本ではNTTドコモやソフトバンクがサービス事業者となっています。LoRa Allianceには数百社が参加していて、仕様も公開されています。

デバイスとしては、各種のセンサーとLoRa専用の通信モジュールを接続してデータを送信します。構成はSigfoxに近いです。

日本のサービス事業者は、携帯電話のネットワークが届きにくい場所、広大な敷地内のデバイスの通信などを中心に推奨しています。

## COLUMN 注目のデバイス、メッシュWi-Fi

### ▶ メッシュWi-Fi

**メッシュWi-Fi**とは、Wi-Fiルータが**メッシュネットワーク**を形成することで、無線LANのアクセスポイントをつなぎ合わせて、LANケーブルなしに通信を展開することができます。3.8節で解説したZigbeeはもちろんそのような機能を持っていますが、一層簡単なしくみが登場しています。

### ▶ 屋外でも屋内でも利用可能

例えばGPSは屋外には強いのですが、屋内での利用は困難です。RFIDなどは通信距離に限度があるので、屋内では充分に活用できても屋外ではなかなか難しいです。それに対し、メッシュWi-FiであればWi-Fiの通信距離があるので、設置の仕方によっては屋外・屋内でも充分に利用できます。

### ▶ 利用シーン

日本国内ではスキー場、ゴルフ場、屋外フェスなど、中距離でLANケーブルを使いたくないシーンなどで活用が始まっています。今後はさまざまなビジネスシーンにも登場するかもしれません。

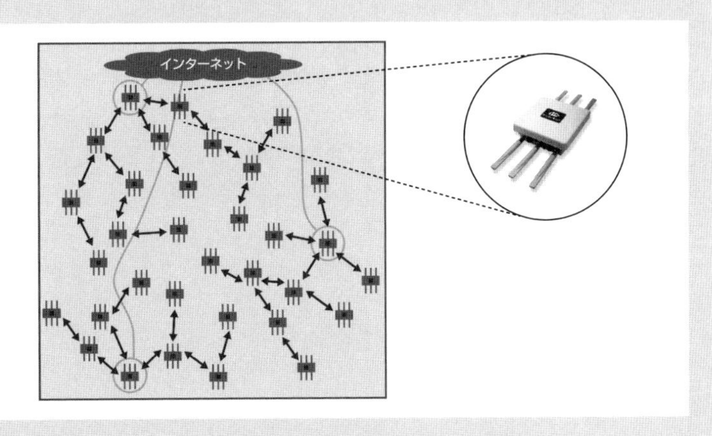


◆図4-16　メッシュWi-Fiのイメージとデバイスの例

### ▶ メッシュは昔からある発想

Zigbeeでもおなじみのように、無線デバイスによるメッシュネットワークは以前からあります。筆者の経験でも2000年ごろに、米国のベンチャー企業の実証実験の計画書を見せてもらったことがあります。

それは、主に警察や軍事向けの独自のシステムでした。ソフトボールのような球体のケースのなかに無線デバイスが組み込まれていて、それらを通信したいエリアに投げたり置いたりします。人がいる基地には、例えば#0、#1などのわかりやすいIDのボールが置いてあって、離れたところにある専用の携帯端末で#0を指定すると、メッシュ状に置かれたボール（無線デバイス）を経由して#0やそこに接続されている端末にデータが送信できるというものです。災害での救助や軍事利用のために、ボールを空から落としたり、人が投げたりして即席で構築できる独自のネットワークでした。

### ▶ メッシュネットワークを参考にしてアイデアを

救助や軍事などの例を挙げましたが、メッシュネットワークにより、これまでにできなかったことができるようになります。これからさらなる進化を遂げていく技術の1つですから、新たなビジネスを考えてみてはいかがでしょうか。

### ▶ Google Wifi

もちろんメッシュ以外でもさまざまな興味深い技術があります。

3.5節でBLEを活用したiBeaconを紹介しましたが、グーグルは**Google Wifi**を提供しています。複数のGoogle Wifiデバイス（Wi-Fiポイント）を簡単にセットすることができ、まさにメッシュWi-Fiの一形態です。

iBeaconやGoogle Wifiなどの技術は、いずれにしても今後普及していくでしょう。

Chapter 5

# 企画の留意点（1）デバイス

第３章と第４章で、
IoTシステムの基本や構成する技術要素について確認しました。
本章ではIoTシステムの企画がスムーズに進められるように、
あらかじめ気をつけるべきポイントについて解説します。
はじめにデバイスの説明から入りますが、システムの企画者や
開発のプロジェクトマネージャーの視点で確認してください。

# 5.1 システム企画の作成

IoTシステムの企画は、基本的には一般的な業務システムの企画と大きな違いはありません。違いがあるとすれば、新しいシステムやサービスとなるときがある、あるいは新しい技術を利用することが多いということです。システム企画書の共通項目の確認後、それぞれの作成方法を解説していきます。

## システム企画で明らかにすること

システムの企画で明らかにすべきことは、第一に**システム化やシステム導入の目的**です。

次に、それらを実現するシステムそのものの概要ですが、IoTシステムであることから、その目的を達するために**どのようなデータが必要**で、それらのデータは**どのように取得・分析・処理するか**、そのために**どのようなデバイス、ネットワーク、サーバー、アプリケーションなどが必要か**を具体化します。

## システム企画書の必須項目

システム企画書に必須の項目として以下が挙げられます。

- システム化の目的
- システム概要
- システム構成
- 開発方針

- スケジュールと体制
- 運用
- 投資またはコスト

新たなサービスであればサービスやビジネスモデルに対する説明が、比較的新しい技術を活用するのであればそれらの資料が、さらに他者との提携などがあればそれに対応する資料などが添付されることもあります。システム企画の担当者であれば企画書を作成できるかどうかがポイントになります。

## 2つのプロジェクトマネジメント

新たなサービスやシステムであれば、大きく分けて2つのプロジェクトマネジメントが存在します。**システム開発のプロジェクト**と、**ビジネスやサービス企画のプロジェクト**です。

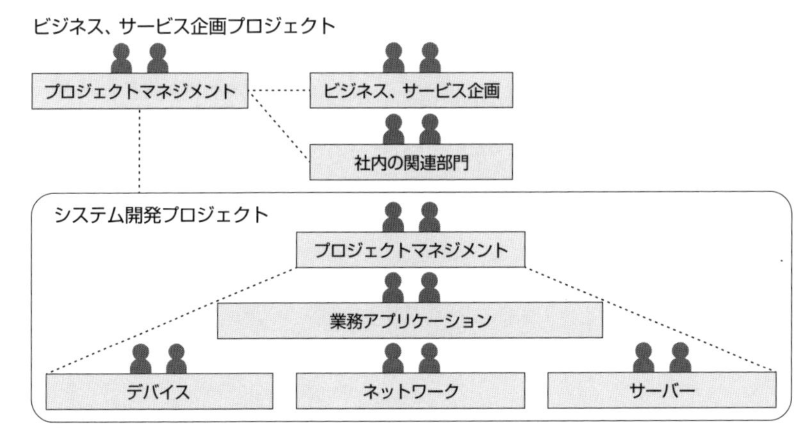


◆図5-1　2つのプロジェクトマネジメント

ビジネスの企画者がシステムの企画も担当するという２階層の構造になります。また、新たなビジネスやサービスとして立ち上げるケースでは、社内のマーケティングや営業、法務や知財その他の関連部門との連携もあるので難易度が高くなります。さらに、他社と提携するとなると難易度は一層上がります。このあたりは第９章で解説をします。
この後は企画書の主要な項目に沿って解説を進めます。

# 5.2 システム化の目的とシステム概要

**IoTは新しいシステムや、既存のシステムへの新たな機能追加として導入されることが多いシステムです。この「新しい」「新たに」がつくシステムに関しては、何のために何を目指して導入するのかを明確にすることが必要です。システム化の目的を明らかにするためのツールとして、「目標・施策ツリー」の作成をお勧めします。**

## やりたいことの明確化（例1）

システムの企画を立案するなかで、そのシステムが目指していることを明確にするのは意外にも難しいことです。例えば、現在の業務の生産性を10%向上するとともにミスを1,000分の1以下にしたいという目標を持っていたとします。

システムとしては、必要な工程ごとにカメラを設置して、実物の画像があるべき画像になっているかどうかを確認することなどがよくあります。センサーでラインの機器の故障の予兆を把握するといったシステムの場合もあります。この例では明確な数値目標を持って生産性向上と品質向上を実現したいとしているのですが、現実においてはこのようなわかりやすいケースは稀です。

このわかりやすいケースであっても、10%や1,000分の1という数値が**KPI（Key Performance Indicator、重要業績評価指標）**なのか、それとも**KGI（Key Goal Indicator、経営目標達成指標）**なのか、どちらかわかりません。

## 目的と施策を整理する

以上のような前提条件をもとに、プロジェクトメンバーで目指すゴールを議論して**目標・施策ツリー**で整理した例は図5-2のとおりです。

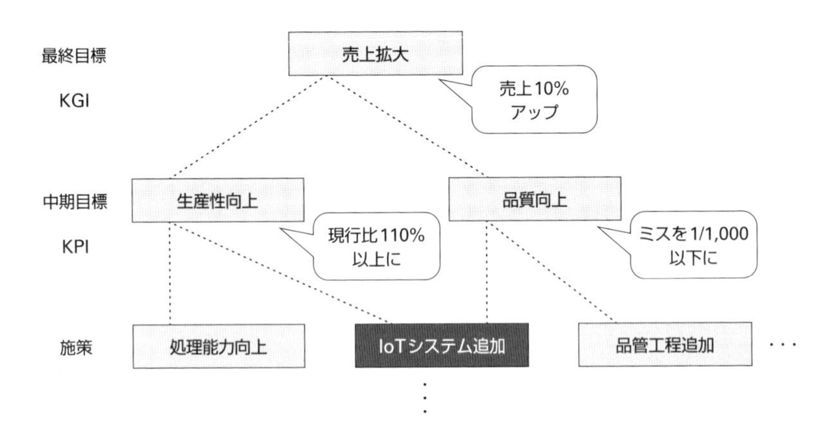


**◆図5-2　目標・施策ツリー：工場のIoTシステムの例**

整理すると、最終的な目標は売上拡大であることや、IoTシステムの導入以外にもさまざまな施策があることがわかります。このケースでは、詳細は別としてIoTシステムがいずれの中期目標にも有効であることがうかがえます。

このような簡単な例であっても、関係者で議論をして整理ならびに確認をしないと共通認識を持って進めることは難しいでしょう。また、ケースによっては、施策を整理してみると、IoTシステムを導入しないで別の施策だけで目標が実現できることもあります。

## やりたいことの明確化（例2）

念のため、もう1つの例も見ておきましょう。データセンターを運営する企業がサーバーの障害を未然に防ぐことで可用性を向上させたいと考えているケースです。

現在のデータセンターでは、ブレード型や高密度と呼ばれる薄くて小型のサーバーを専用のラックに集積して、狭いスペースでも大量の数のサーバーを設置しています。スペースあたりの利益率を上げるためです。

一般的なサーバーの障害として、ファンの故障や長時間運転による機器の温度の上昇で停止することがあります。停止だけで済めばいいのですが、データの破損や重要な処理の途中でのダウンは避けたいものです。そのために温度センサーをサーバーやその近くに設置して、定期的に温度を確認してオーバーヒートを未然に防ぐという試みが始まっています。

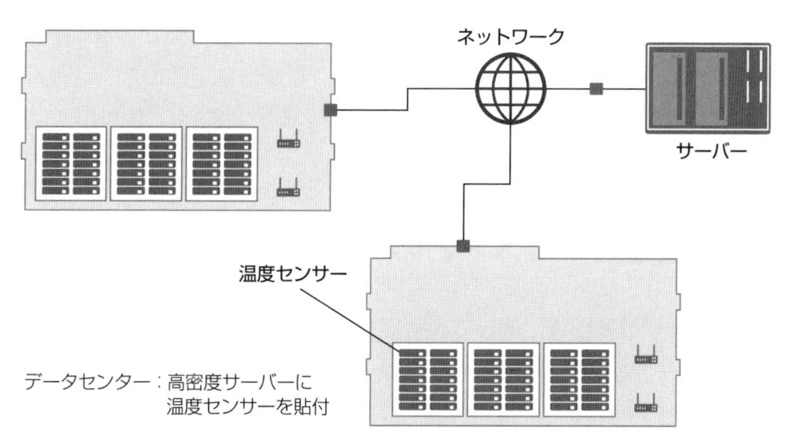


◆図5-3　データセンターのサーバーに温度センサーを設置するケース

データセンターではこのような例がありますが、工場などでも同じように設備の故障の予兆監視の取り組みが展開されています。先ほどと同じように目標と施策を整理してみます。

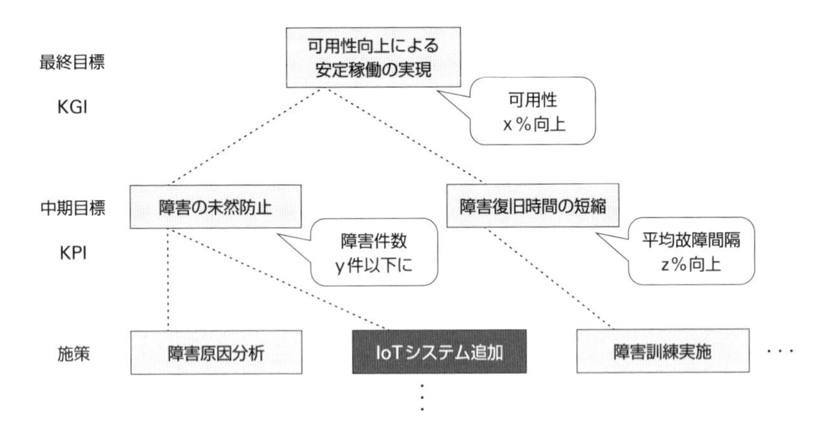


◆図5-4　目標・施策ツリー：データセンターのIoTシステムの例

このケースでは、IoTシステムの追加は障害の未然防止や予兆管理には役立ちますが、障害復旧時間の短縮にはつながらないことから、最終目標に対しての貢献度合いは先ほどの工場の例と比べると低くなります。

## 想定効果やコストとの関係

中期目標や最終目標に対して貢献度が低いシステムでは、コストに関しての要求が厳しくなることが多いです。ここで紹介した2つのケースのうち後者のデータセンターの場合、重要な施策ではあるものの全体に対しての貢献の度合いからすれば、システムにかけるコストは厳しめになるでしょう。ビジネスシーンでよくあることですが、このような判断も目標と施策を関係者で確認して合意してこそ明確にできることです。

企画者としてのチェックポイントは、システム化の目的、目的に対する施策（必ずしもIoTシステムが第一とは限らない）、KPI、KGIを明らかにすることです。

ここでは2つのケースを紹介しましたが、論理的にシステム化の目的を整理して文書化しておくと後の工程での迷いはありません。なお、本節で掲載した目標・施策ツリーは、常にモンキーポッドのようなきれいな三角形になるとは限りません。

## システム概要を検討するための視点

システム化の目的が確認できたら、システム概要の検討に入ります。このときに3階層のモデルで考えるとわかりやすいです。デバイス、ネットワーク、サーバーの3つの視点で検討を進めます（デバイスについては次節から、ネットワークとサーバーについては第6章で詳しく解説します）。

# 5.3 デバイスを対象から考える

システム概要を検討するためには、デバイスの選定から検討するとわかりやすいです。IoTシステムはパズルに似ています。最初のピースを置くことができないと次のピースは置けません。最初のピースであるデバイスの決定を支援してくれるのが、対象と空間そして利用シーンです。

## 対象は大きく分けて3つある

IoTシステムにおける対象の多数派は何といってもモノです。次に**人**や**環境**（数値）があります。これらのモノ・人・環境などからデータを取得してこそのIoTシステムです。

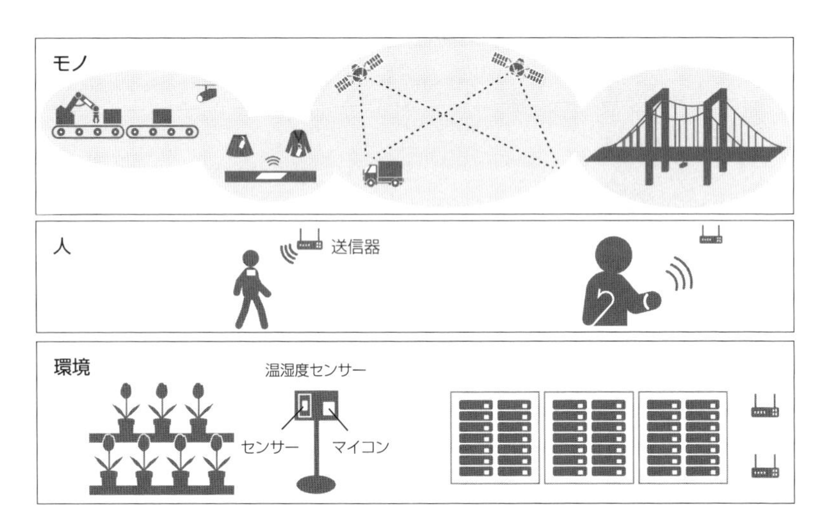


◆図5-5　モノ・人・環境の例

対象をモノとすると、IoTシステムの種類は無限にあるといってもいいでしょう。対して人や環境を対象とするIoTシステムの種類はある程度想定することができます。

## 対象の明確化

対象として大きくはモノ、人、環境の３種類がありますが、具体的に何であるかを明確にします。おそらくIoTシステムの検討に着手した時点ですでに決まっているはずです。

## 動的か静的か

次に確認するべきなのは、対象が比較的激しく動くモノか、動かないか、あるいは人が持ち上げることで動くか、といった動く範囲の大小です。

例を挙げると、日本全国を動き回る車両などであれば、GPSセンサーをデバイスとして利用することが第一候補となります。一方、商品に貼付されたICタグならば、レジで読み取るだけなので動く範囲は小さく、店内だけとなります。

ここで動的、静的のそれぞれ候補となるデバイスを整理してみます。

| 対象 | 動的 | 静的（動く範囲が小さい） |
|---|---|---|
| 遠距離 | GPS、加速度センサー、ジャイロセンサー | ― |
| 近距離 | ビーコン、アクティブタグ、Zigbee | ICタグ（通信範囲の内外で動くモノには適さない） |
| 映像 | カメラ | カメラ（動きがないことを確認） |

**◆図5-6　動的・静的に向くデバイス**

GPS、加速度センサー、ジャイロセンサーを動かないモノに取り付けて、動き出した瞬間に「動いた」と認知することができます。ビーコンやアクティブタグなどでも同じような使い方はできます。しかし、動かないモノの１つ１つにセンサーをつけるほどの投資をするという例はほとんどありません。近年はカメラによる画像認識で対応するのが多数派となっています。

ICタグは通信範囲が狭いので、動く範囲が大きいモノには向きません。一方でその範囲でとらえられるモノに対しては、コストも比較的抑えられることから有効です。

第３章で解説したデバイスに対する知識を事前に持っていることで、最初のピースの選択はスムーズになります。

# 5.4 デバイスを空間と利用シーンから考える

**対象がどのような空間や利用シーンで使われているかは、デバイスの選定だけでなく、状況によってはネットワークの選定にも影響を及ぼします。どれくらい広い空間で使われるか、どのような業務プロセスのなかで利用するかが想定できれば、デバイスの候補は自信を持って選定することができます。**

## さまざまなタイプの空間

例えば、一般的な小中学校にある体育館を複数個連結したような大きな倉庫があるとします。大手企業で製品や部品を保管している倉庫などは広大です。そのような大きな倉庫で製品や部品の位置を把握したいなどのケースでは、小規模の倉庫とは異なるデバイスを選択することになります。

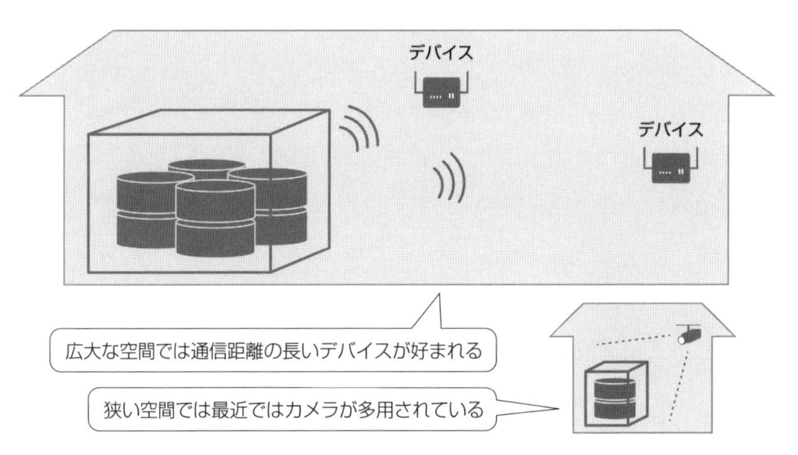


**◆図5-7　屋内の大規模な空間と小規模な空間**

いずれにしても屋内なのでGPSセンサーは使えませんが、広い空間ではWi-Fiなどの通信距離が長いデバイスやLPWAのネットワーク、狭い空間では状況によってはカメラで済ませることもあります。

## 空間からネットワークを考える

空間が大きくて対象とデバイスとの距離が遠い場合には、RFIDなどの近距離の無線通信では測位は困難です。さらに、空間が複数ある場合はどうでしょうか。この場合、携帯キャリアのネットワークやLPWAなどのIoT専用のネットワークサービスなども有力な候補となります。

このようにIoTシステムを利用する空間を想定したり想像したりできれば、デバイスやネットワークの候補の検討や選定が前進します。

## さまざまな利用シーン

利用シーンは業務プロセスと置き換えてもよいでしょう。例えば、バーコードのスキャンからICタグに置き換える、ドアから部屋に入ってきた人をカメラで認識することで何らかのサービスを提供するなどです。

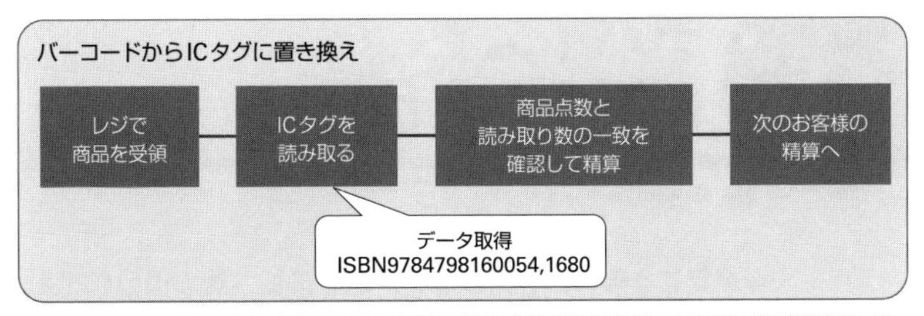


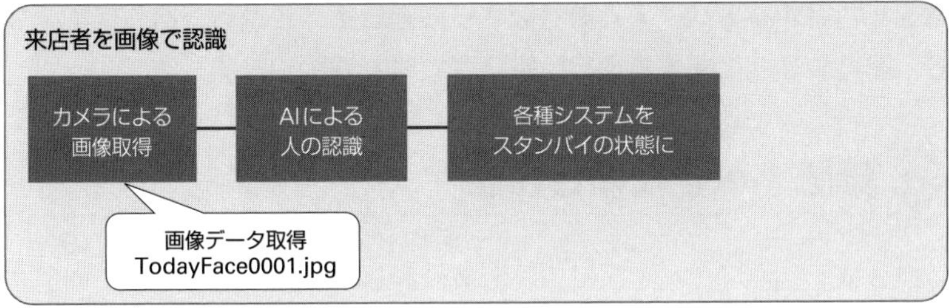


**◆図5-8　業務プロセスの例**

業務のプロセスのなかで取得したいデータがあり、IoTデバイスを活用して実現します。ICタグの例であれば商品コードや価格が、カメラであれば画像による人の認識がそれにあたります。このような場合には、**プロセスのどの手順でデータを取得するか**を明確にして進めます。なお、カメラを使うとしても、カメラ単体での使用、センサーとの組み合わせ、ARやVRの導入も検討するなどして、利用シーンに適したデバイスや技術の選定を心がけてください。

利用シーンと空間は表裏一体なので、どちらを先に検討しても問題はありませんが、空間によってある程度絞り込まれるので、先に検討したほうがデバイスやネットワークは選定しやすいです。

空間の検討で候補を挙げ、利用シーンの検討で優先順位を決定するなどでよいでしょう。企画者としては、対象、空間、利用シーンの視点で選定したデバイスの適性を再確認してください。

# 5.5 デバイスで確認すべき仕様

**デバイスを選定する際には、あらゆるデバイスに共通の項目に加え、無線を利用するデバイスであればさらに確認すべき項目があります。なお、開発や性能に関する項目は第７章以降で解説します。**

## 確認すべき仕様と性能

第３章で主要なデバイスについて解説をしました。あらためて確認すべき仕様についてまとめておきます。あらゆるデバイスに共通の項目と、無線を利用するデバイスでの追加項目に分けています。性能に関しては、メーカーから提供されるスペックを確認するだけではなく、PoCやシステム開発のフェーズで実測による確認をします。

**<全デバイス共通>**

- 取得可能なデータと形式
- データ取得のタイミング
- 出力データの内容と形式
- ゲートウェイやエッジへの接続方式
- デバイスが複数の場合に認識できるIDなど
- 標準規格（存在するようであれば）
- サイズと保守に必要なスペース
- 電源
- 動作温度

**<無線を利用するデバイスでの追加項目>**

- 周波数帯
- 無線局申請が不要であること（必要なら申請の準備をする）
- 通信距離または範囲（＋性能）
- 通信速度（＋性能）
- 通信間隔（＋性能）
- 規格の整合性（規格が合わないと動作しないデバイスがあるため）

電源、動作温度、そして無線局申請の要否の確認（必要なデバイスは例外的）に関しては、製品によって条件が異なるため第３章では触れていませんが、重要な項目なので、この後で確認していきます。

# 5.6 デバイスの電源、動作温度、無線局申請の要否

**デバイスの選定の際、性能に注力するあまり動作環境で基本となる項目を見落とす可能性があります。電源確保と動作温度の確認は、デバイスの駆動において不可欠な項目です。また、無線のデバイスを使う場合には、無線局申請の要否の確認が必要です。**

## 電源の確保

小型のデバイスの場合は物理的に小さい電池で駆動するタイプが多いのですが、運用を続けていくなかで**電池を交換する必要**が生じます。電池交換後または新品の状態からどれだけの電池寿命があるかということと、電池交換をすること自体が可能な現場や利用状況であるかを事前に確認する必要があります。

常に動作し続ける必要があれば、早期の電池交換が求められます。夜間や早朝の交換なども想定しなければなりません。また、一般的なIT機器であるサーバーやネットワーク機器などは、家庭用の100Vではなく、単相AC200Vや3相の場合もあり、利用場所の状況によっては分電盤などの工事を必要とすることがあります。特に、サーバーやネットワーク製品などはコンセントの形状も一般的な家電製品とは異なり、三叉の場合もあります。

コンセントの有無、電源の供給の可否なども、動作してこそのデバイスなので重要な項目です。例えば、コンセント経由での電源供給が必須のICタグのリーダライターやビーコンデバイスは、電源の有無がシステム構成に影響を及ぼすことがあります。

## 動作温度の確認

半導体を含む製品は、一般的に **-5℃から40℃あたりまでは動作保証**がされています。実はこの動作保証される温度は重要です。例えば、日本国内でも北海道の一部の地域などでは -10℃を下回ることもたびたびあります。また、エアコンが効いてない屋内空間などでは、近年の猛暑の状況下では50℃を上回ることもあります。

利用する環境によっては、動作自体がメーカーから保証されない温度になることも充分あり得るので、確認が必須の項目です。

また、自社でセンサーとマイコンでデバイスを開発する場合にも、それぞれの部品の動作温度の最低値と最高値で見ることが必須です。オフィスのような良好な環境で利用される業務システムのハードウェアでは動作温度は問題にはなりませんが、さまざまな環境に対応せざるを得ないIoTでは重要な項目です。

選定したデバイスが利用環境で確実に動作するか関係者で再確認してください。

## 物理的な設置状況も考慮する

電源や動作温度に近い検討項目として、物理的な設置場所も挙げられます。例えば70cm四方のスペースに30cm四方のデバイスを設置したいと考えたときに、物理的には設置することは可能です。しかし、故障や点検などで人がそのスペースに入ることを考えると、充分な広さとはいえません。狭小スペースなどではこのような観点も必要となります。

## 無線局申請の要否

無線を利用したデバイスはさまざまにありますが、特に近距離無線では**無線局申請の要否**を確認する必要があります。一般的なシステムにおいてはなじみのない活動ですが、重要な確認項目の1つです。

特定の周波数帯の無線機器の利用に関しては、無線局の申請が必要な場合があります。電波は公共利用されるべきものという考え方が根底にあることによります。無線局とは、無線設備および無線設備の操作を行う者の総称です。

現在の無線を利用するIoTデバイスの大半は、例外的に無線局の申請は不要ですが、一部に必要なものもあることから確認は必要です。申請が必要な機器であるにもかかわらず失念した場合には利用が停止されるだけでなく、罰則が適用されることがあります。また、申請から利用まで1カ月程度見ておく必要があることから、プロジェクト管理の観点からも必須の項目です。

| デバイスの種類 | 電波法上の呼称 | 確認の方法 |
|---|---|---|
| 2.4Gや5Gなどの無線LAN、Bluetooth通信のデバイス | 小電力データ通信システム | 技術基準適合マーク有り |
| RFIDのUHF帯のリーダライター | 構内無線 | 技術基準適合マーク有り |
| 微弱な電波のみを発するデバイス | 微弱無線 | 微弱無線適合マーク有り |
| そのほかの無線モジュールデバイス | 特定小電力無線 | 技術基準適合マーク有り |

**◆図5-9　無線デバイスと確認の方法（2019年11月現在）**

基本的にはカタログを見たり、メーカーの担当者に確認したりすればよいのですが、技術基準適合（通称「技適」）マークの有無などでも確認できます。

##  システム企画時に確認する習慣を

電源、動作温度、無線局申請の要否について解説しましたが、それら以外の項目も含めて、候補となるデバイスに関しては企画時点でできるだけチェックしておく必要があります。無線デバイスは電波を発することから、本運用のみならず短期間のPoCに際しても申請（確認）は必須です。

後になって「これでは使えない」「1〜2カ月遅れる」などと判明したのでは遅いのです。カタログでの確認やメーカーへの問い合わせで用が足ります。企画の時点で必ず済ませておきます。

# 5.7 チェックリスト作成のすすめ

ここまで解説してきた内容は、システム企画時点でも確認が不可欠な内容です。それぞれが基本的な項目ですが、チェックリストを作成して確認しておきます。

## チェックリストの例

5.2節で解説したデータセンターの例で作成してみます。企画の初動なので、それほど細かい項目にこだわる必要はありません。10項目程度ですが、必要最小限の項目が盛り込まれています。

| | 項目 | 内容 | チェック |
|---|---|---|---|
| 目的 | システム化の目的 | サーバーの障害による停止の未然防止 | ☑ |
| | KPI、KGI | 月間3件以下 | ☑ |
| | 目的とIoTシステムの関係 | 温度の定期取得による障害の未然防止 | ☑ |
| | システムの概要 | 各サーバーに温度センサーを貼付し、温度情報をクラウドに送信、未然防止に加えて、稼働状況・温度・障害発生の関係も分析する | ☑ |
| 対象とデバイス | 対象（モノ、人、環境、ほか） | 当初、高密度サーバー2台に1式 × 300、以降随時拡大 | ☑ |
| | 取得したいデータ | サーバーの正面脇の表面温度 | ☑ |
| | デバイス | 温度センサー+温度送信機能 | ☑ |
| | 電源 | コンセント増設要、増設可能か確認中 | ☐ |
| | 利用環境（温度ほか） | 10～60℃ | ☑ |
| | デバイスは動作する・しない | 電源工事の可不可による | ☐ |
| | (無線局申請　要・否) | 否 | ☑ |

◆図5-10　データセンターのIoTシステムでのチェックリスト例

このようなチェックリストを作成して、利用環境や電源、可能性がある場合は無線局申請の要否などまでを確認しておくと、遅滞なく企画を進めることができます。頭のなかで実行してもいいのですが、利用環境や電源などを明文化して、関連する「数字」なども明らかにして関係者で共有することが重要です。「対象とデバイスの物理的関係の確認」「候補となるデバイスならびに性能の確認」などのきわめて基本的な項目は省きました。

なお、チェック項目をさらに追加して細心の注意を払うのは望ましいことです。対応内容、期限や納期、担当者などの項目を追加し、アクション・アイテム表として管理してもよいでしょう。

## COLUMN 唯一の敗戦から学ぶ

### ▶ 唯一の敗戦

筆者は一時期さまざまな近距離無線システムに専門的に携わっていました。PoCで最適なデバイスとネットワークなどを選定してIoTシステムとして組み上げるのですが、10数年前に唯一、PoCの時点で上手くいかなかった案件があります。

### ▶ 大手の機械部品工場での要件

ある大手機械部品メーカーの工場でのことです。工場に隣接された広大な倉庫にプラントや大規模な装置向けの部品が置いてあります。小中学校の体育館が何個かつながったような大きな倉庫です。パレットに載せた部品をフォークリフトで運んでいきます。

本来であれば、部品の製造後すぐに出荷されればいいのですが、注文した企業の工場の工期が遅れたりすると、何カ月も倉庫に入ったままとなることがあります。そうこうしているうちに、どこにどの顧客向けの部品を置いたかわからなくなってしまうのです。

そこで、部品の位置を簡単にわかるようにしたいということで、システム導入を前提とした実証実験を行いました。部品自体は数百個程度ですが、1つ1つが特注でサイズも大きく高価であることから、1台あたりに数千円かけてもよいといわれていました。

### ▶ 位置検出のデバイス

位置検出が目的であったことから、以下のデバイスでテストをしました。

- アクティブタグ（通信距離：10～20m）
- Zigbee（通信距離：数十m）
- RFID UHF帯（通信距離：5m）

アクティブタグとZigbeeは部品やパレットに貼付して、対象物側から電波を発信するという考え方で、RFIDはパレットに貼付してロケーションのゾーンごとにアンテナを設置し、「通過した」「しない」で位置を特定するという考え方です。

### ▶ PoCの結果

結果は3つとも採用されませんでした。理由は部品が大きな金属であることから、アクティブタグとZigbeeでは無線波の減衰や反射で読み取り率が50%程度であったことによります。天井にアンテナを設置できれば読み取り率は向上すると想定できましたが、実験そのものにコストがかかることから見送られました（実は後で50%でも実装したほうがよかったと言われた）。

UHF帯のRFIDでは、おおまかな位置の特定はできましたが、倉庫内での振動、粉塵への対策でリーダライターの動作保証までに相当な時間を要することから惜しくも見送りとなりました。

結局は、おおまかなロケーション管理（フォークリフトのドライバーがだいたいこのあたりに置いたことを申告する）をするという業務改善案で現状を乗り切ることとなりました。

### ▶ 10数年前と現在の違い

さて、現在、同じような前提条件で対応するとしたらいかがでしょうか。屋内なのでGPSは使えないことから、フォークリフトにカメラをつけて部品を置いたときの画像からゾーンを特定する、天井や壁にカメラを設置する、部品の上にマークをつけておいてドローンで見つけるなど、カメラが中心となるでしょう。

十数年前はカメラが高価であったことと、AIによる認識技術なども存在しなかったことから、カメラを使うという発想はありませんでした。カメラと認識技術の進歩がIoTの普及を大きく後押ししています。例えば、温度の把握であれば温度センサーを使う案がオーソドックスですが、水銀の温度計やデジタルの温度計をカメラで撮影して画像から温度を認識するほうが楽かもしれません。

時代と技術動向によってIoTデバイスは変わるということです。

Chapter 6

# 企画の留意点（2）ネットワークとサーバー

第５章ではシステム企画における
デバイス選定の留意点について解説しました。
本章ではデバイスの先にあるサーバーやクラウド、
ならびにネットワークについて解説します。

IoT System

# 6.1 サーバーで実行する処理

デバイスから集まってくるデータに対してどのような処理をするか。やりたいことの根幹がここにあります。さまざまなセンサーやデバイスを使ってデータを取得しているのはこのためのはずです。本節では、IoTシステムならではの典型的な処理、業務システムと共通あるいは異なる処理から、サーバー側の処理の特徴を理解しておきます。

## IoTシステムの典型的な処理

サーバーで実行する処理は、IoTシステムの特徴である**センサーやデバイスを足回りとする典型的な処理**と、**従来型の業務システムと同様の処理**の大きく2つから構成されます。はじめに典型的な処理から見ておきます。

### （1）分析処理：データを分析して結果を表示する

集められた大量のデータを分析して結果を表示します。データの推移、最大値と最小値、平均値・最頻値など分析すべきものはさまざまです。高度なケースでは、工学的な関数での出力、AIによる分析などもあります。さらにデータのなかには画像の分析も含まれます。ただし、このようなデータ分析はIoTシステムだけに限ったことではありません。近年は業務システムの一部においても導入されるようになっています。

### （2）別システム連動：データの値によって処理を実行する

個々のデータの値や分析結果によって何らかの処理を実行します。値を担当者に通知する、温度が一定以上になればエアコンを動作させる、などさまざまな処理があります。各種の制御装置との連動は、IoTシステムの醍醐味でもあります。

### (3) データ保管庫：データそのものを保管する

集まってきたさまざまなデータを保管します。顧客へのサービス提供の結果として、一定の期間や一定の量のデータの保管が必要なケースです。各種データや画像ファイルの保管などがあります。特に別のシステムとのデータのやり取りがある場合には、ラフスケッチを描いて確認したほうが確実です。

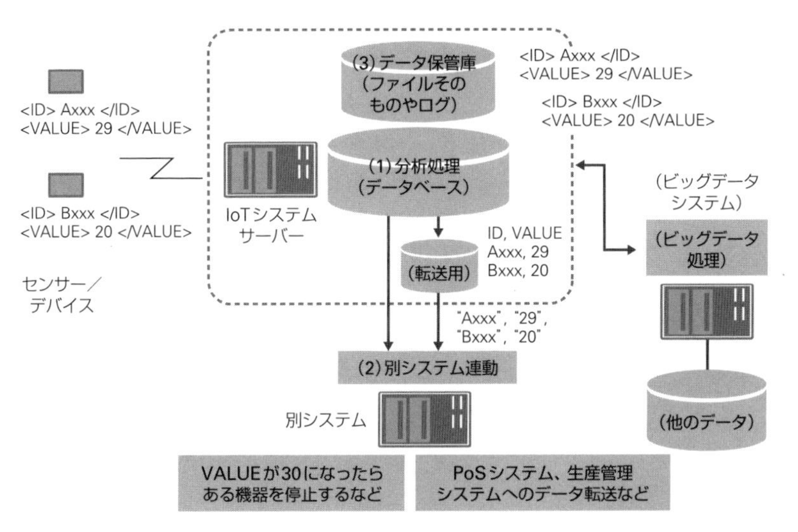


◆図6-1　典型的な処理のイメージ

## 業務システムと共通の処理

次の処理は従来型の業務システムには実装されていて、IoTシステムにも実装されるべきものです。サーバー側に実装される処理と、エッジとサーバーが連携して実行する処理があります。

### （1）運用監視

**ヘルスチェック**と**リソース監視**があります。ゲートウェイやエッジのヘルスチェックを行うほか、エッジなどサーバーから見ることのできるデバイスが正常に動作しているか、自ら含めてCPUやメモリの使用率などを監視します。サーバー側での実装です。

### （2）デバイス管理（ユーザー管理）

サーバーから見ることができるエッジ、ゲートウェイ、デバイスのプロファイルを管理します。ビジネスや提供するサービスによっては、ユーザーの課金や認証などもあり得ます。クラサバシステムでサーバーがクライアントの管理をするのと同様です。基本的にはサーバー側での実装ですが、エッジなどで配下のデバイスに関して代行することもあります。

### （3）セキュリティ管理

送受信するデータそのものの暗号化、不正アクセスの検知、通信データの暗号化など、現在のシステムで不可欠な機能です。サーバーだけでなくシステム全体として取り組みます。

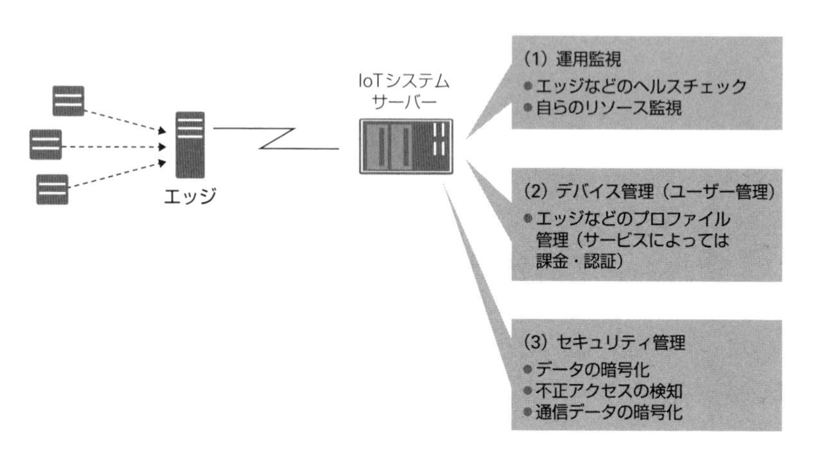


◆図6-2　業務システムと共通の処理のイメージ

ここまでで典型的な処理と業務システムと共通の処理とを整理してきました。最近のシステムのなかでは**BPMS（Business Process Management System）**が近いかもしれません。BPMSはデバイスの利用はありませんが、業務の高度な分析も行い、特定のプロセスで得た数値や処理結果をもとに別の処理も起動します。業務プロセスでの受け渡しや処理のログも持っています。

このように考えると、IoTは現代の最新の業務システムと考えたほうがわかりやすいかもしれません。IoTシステムを特別扱いせずに、最新の業務システムであることからわかりにくい部分もあると考えたほうが適切です。

## 共通処理は必須、特徴的な処理こそ検討を

業務システムと共通の処理は実装することが当然として、特徴的な処理こそ実装の要否を検討すべきものです。もちろん先ほど挙げたIoTシステムの典型的な処理以外にも新たなものはあり得ます。実装すべき処理としない処理を明確にすることができれば、自ら開発するのか、クラウドサービスを利用するかの判断材料の１つとなります。なお、サービス事業者はここまで紹介した機能に加えて、開発環境や支援ツールなども提供しています。

# 6.2 データフローを描く

データ処理は、IoTシステムのなかでも最も重要な機能です。ハードウェアやサービスの選定にも大きな影響を与えます。データフローを簡単に共有できる方法について解説します。

## データフローの作成

2.8節で、データを捨てる発想も特徴としてあることをお伝えしました。捨てる≒選定することでもありますが、その選定の方法はデータ量やデータ処理に大きく影響を与えるので関係者で共有する必要があります。図2-11のデータをもとにして、デバイスからエッジまでの**データフロー**を作成してみます。

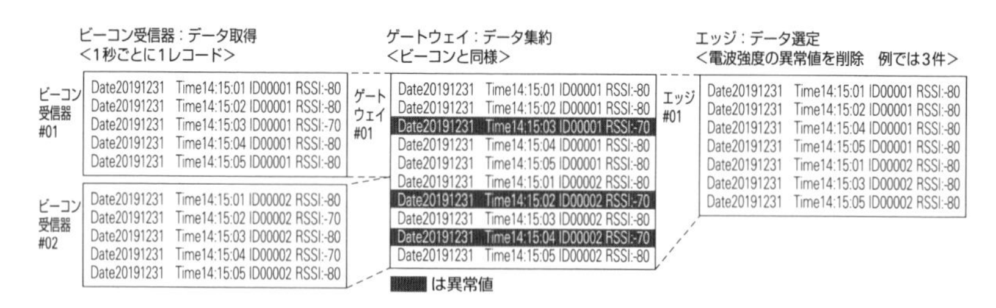


◆図6-3　データフロー図

図6-3ではわかりやすさのためにデータ形式は考慮せずに作成しています。日付と時間を入れて実際のデータを表示する、それらを抜いてポイントだけ示すなどもあります。この例では、ゲートウェイまではビーコン受信器と同じデータを保持しますが、エッジからは一部のデー

タが削除されることがわかります。もちろんゲートウェイがエッジを兼ねることも可能です。また、エッジでさらにデータを簡略化したり加工したりするのであれば、それらも加えて示せばよいのです。上りに加えて下りの処理がある場合も同様です。視覚的に共有できることから、関係者の理解も深まります。

このように実際のデータのフローを考えることで、前節の処理の検討と併せて、自らIoTシステムを開発すべきか、あるいはすでに存在するソフトウェアなどを利用するのかの判断が可能となります。

## ワークフローも併せて作成

図5-8で、既存システムからIoTシステムに切り替える際の業務プロセスと、新たにIoTシステムを開発するときの業務プロセスの例を紹介しました。データフローとともに、一連の業務プロセスをまとめたワークフローをあらためて作成しておくと間違いがありません。業務システムであれば必ずといってもいいほどワークフローを作成します。最新の業務システムであるIoTでも是非心がけてください。

# 6.3 クラウドの活用

**クラウドはIoT専用のサービスも含めて拡大しています。クラウドのメリットとデメリット、SaaSを中心とするサービスの考え方なども見ておきます。**

## クラウドのメリット

クラウドサービスはIoT向けも含めて拡大していますが、大きく次のメリットがあります。

### ▶ メンテナンスが不要

サーバーやサーバーに近いネットワーク機器の購入やメンテナンスを考える必要がありません。条件に当てはまれば、IoTのSaaSサービスなどはすべて込みで使うだけなので簡単です。

### ▶ 柔軟な対応

業務の拡大や縮小などに応じたサーバーの増設や縮小などに臨機応変に対応できます。

### ▶ 比較的コストが安い

クラウドサービスの事業者は同じニーズを持っているユーザーを多数扱っていることから、サービスによっては確実にコストメリットが出ます。

## クラウドのデメリット

デメリットとしては以下が挙げられます。

### ▶ 不測のサービス停止

サービス事業者側でのシステム障害の発生などで、突然にサービスの提供が停止することがあり得ます。

### ▶ ノウハウの流出

特別な業務上のノウハウから、ほかのユーザーと異なるサービスの利用の仕方をしている、特別なAIの活用をしているなどの固有のノウハウが、サービス事業者のサービス充実や拡大のもととなる可能性があります。

## クラウド活用時に留意すべきポイント

留意すべき主なポイントとして、**データの扱い**と**サービスレベル**が挙げられます。クラウドを使うと、データはサービス事業者のサーバーに入ることから、秘密情報や個人情報（個人の特定が可能な画像なども含む）などを社外に出してよいかが議論されます。また、デメリットに挙げたような不測のサービス停止といったケースへの対応も検討する必要があります。過去に大手のクラウド事業者でも、障害の発生によりサービス停止となったことがあります。しかしながら、こうしたデメリットを考慮してもメリットのほうが大きいので今後もサービスは拡大していくでしょう。

## クラウドの3つの主流のサービス

**SaaS（Software as a Service）、IaaS（Infrastructure as a Service）、PaaS（Platform as a Service）**がクラウドにおけるサービスの現在の主流となっています。

最もわかりやすいのはSaaSです。ユーザーが必要とするシステムに関して丸ごと提供を受けるタイプです。IoTでいえば、エッジからクラウドサーバーにデータをアップロードした後の分析、基準値の判定ならびにアラートなどのアプリケーションまでが提供されています。

IaaSはインフラとしてOSなどの動作に必須のソフトウェアで構成されているサーバーと契約します。

PaaSはIaaSとSaaSの中間にあたるもので、データベースなどのミドルウェアや開発環境なども含んでいます。

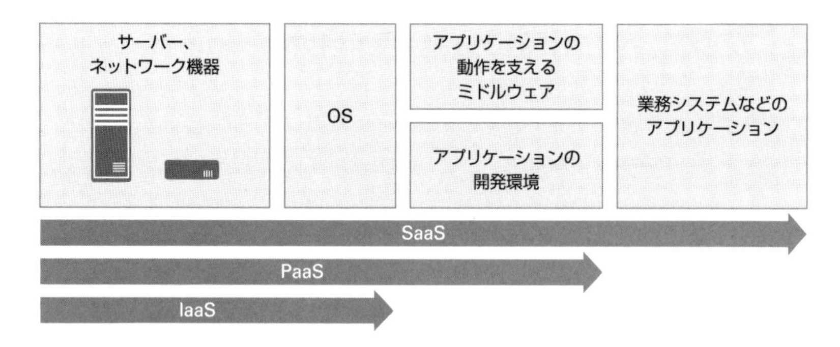


**◆図6-4　SaaS、IaaS、PaaSの関係**

IT市場全体としては、特にSaaSが広がっています。活用するソフトウェアによっては環境構築に時間を要することがあるので、PaaSやSaaSのほうがクラウドのメリットを発揮しやすいかもしれません。

# 6.4 サーバーの性能見積もり

**オンプレミスとクラウドのいずれを選択するにしても、サーバーのおおまかな性能見積もりをする必要があります。性能見積もりは概要設計の工程で実行しますが、企画の工程でも簡単には見ておく必要があります。**

## 性能見積もりの3つの方法

性能見積もりはオンプレミスの場合には必須となります。クラウド利用でもできたほうが望ましいです。大きく分けて3つの方法があります。

### （1）机上計算

システムへの要求に従って、必要なCPUやディスクの性能などを積み上げて算出します。最も基本的な方法です。

### （2）事例、メーカー推奨

同種の事例やサーバーのメーカーや販売店などの推奨を参考にして判断します。例えばファイルサーバーやWebサーバーなどでは、ユーザー数やアクセス数などが見えていれば容易に見積もることができます。IoTシステムではまだまだ公開事例は少ないかもしれません。

### （3）ツールでの検証

特にWeb関連のサーバーなどで用いられる手法です。負荷を検出するツールなどで、CPUやメモリの利用状況を実測して検討します。

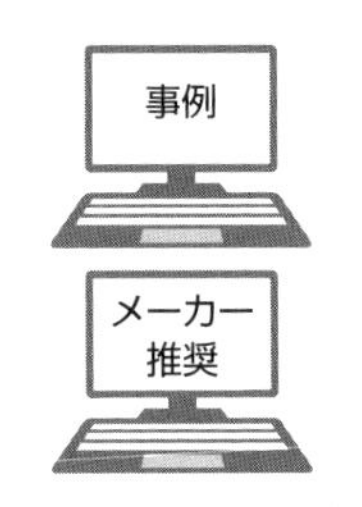

Excelなどでの机上計算　同種の事例やメーカー推奨　ツールをインストールして性能や負荷の測定を行う

◆図6-5　サーバーの性能見積もりの３つの方法

IoTシステムにおいては、事例の詳細がなかなか紹介されていないことなどから、（1）の机上計算を利用することが多いです。

## 業務システムのサーバーの性能見積もりの例

参考として業務システムの性能見積もりの例を紹介しておきます。サーバー1台、クライアントPC5台の小規模な仮想化環境の事例です。見積もる際には、システムやソフトウェアの漏れがないように前提条件を整理して、簡単なスケッチを描いて確認しながら進めます。

- 前提条件：Windows Server、VMWareでの仮想化環境
- サーバー：
  サーバー用ソフト：業務システム、BPMS、AI、RPA
  ミドルウェア：MS SQL
- クライアントPC：５セット

サーバーにOS、ミドルウェア、アプリケーションを含めてソフトウェアが6セットあります。過去の事例やソフトウェアメーカーの推奨から、CPUのコア数とメモリで、4コア・8GBをVMWareの基準値とします。クライアントPCは同様に2コア・4GBを基準値とします。

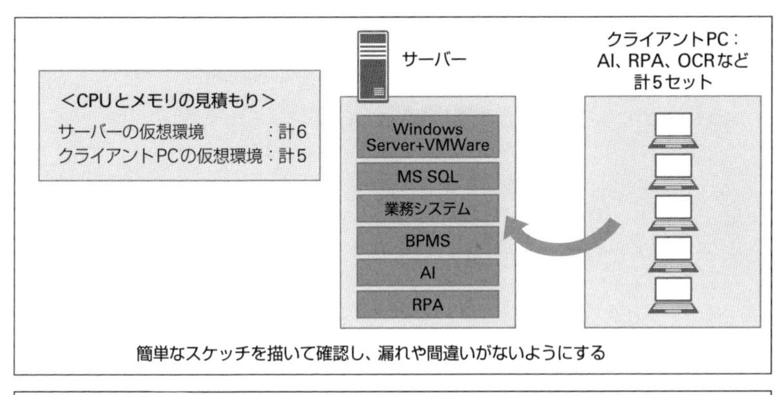


| <CPU・メモリ> | | | | | |
|---|---|---|---|---|---|
| | サーバー用　VM | <4コア・8GB> | × | 6セット | = 24コア・48GB |
| | クライアントPC用 VM | <2コア・4GB> | × | 5セット | = 10コア・20GB |
| | 合計 | | | | 34コア・68GB |
| | 余裕を見ておくための調整（×1.25） | | | | 43コア・85GB |
| | ≒手配 | | | | 44コア・96GB |

◆図6-6　ラフスケッチによる確認

CPUとメモリに加えてストレージも見積もります。なお、Webシステムのサーバーなどであれば、ユーザーからのアクセスを受けるフロントのWebサーバーと後方のアプリケーションサーバーやDBサーバーに、1アクセスごとの負荷の基準を設定して性能を見積もります。

## 最低限押さえるべき数値

オンプレミスの場合には、購入やレンタルするサーバーの規模を決めないといけないことから多少細かくなります。クラウドサービスであれば細かく積み上げなくても、CPUやメモリの性能や使用率はこれくらい、といったように、Windowsであればタスクマネージャーのパフォーマンスで表示される概要がイメージできていれば問題ないでしょう。使い始めてから比較的簡単に変更できるのもクラウドのメリットです。

# 6.5 新規のネットワークを構成する

**ネットワークについては、既存の業務システムをIoT化するのであれば、既存のもので性能が出せるかを考えればよいのですが、新しいシステムの場合にはサーバーと同様に検討する必要があります。判断に際してのベンチマークとして、LPWAを比較対象とすることをお勧めします。**

## クライアントPCのネットワークの帯域

20年近く前のいくつかの企業のクライアントPCに関する資料を見たところ、帯域は1台あたり0.1Mbps（bits per second）前後でした。近年は0.2Mbpsを超えるケースも多く、20年を経て約2倍となっています。背景には、業務システムが重くなるとともに多様化していること、メールやWebの普及、またイーサネットのバックボーンである10BASE-Tから100BASE-Tへの向上もあります。

これらの数値は、利用するアプリケーションの数量、ファイルの転送量、印刷の量、メール送受信の頻度などの積み上げから算出されています。仮に、ある企業のクライアントPCの帯域を0.27Mbpsとした場合には、100MbpsのLAN環境で400台近くが接続できることになります。同じような考え方でIoTデバイスを見てみます。

## デバイスのネットワーク帯域の例

例えばあるデバイスが、5分に1回のペースで10B（バイト）のデータを上げてくるとすると次のようになります。温度などのシンプルなセンサーを想像してください。

| 10B × 8bits ÷ 300秒 ≒ 0.27bps |
|---|

たまたま先ほど例に挙げたクライアントPCの帯域と同じ数字になりましたが、クライアントPCは単位が異なり、この例のデバイスではわずか100万分の1の帯域に相当します。クライアントPCと比べて、シンプルなセンサーのネットワークへの負荷はかなり低いことがわかります。このようなデバイスが100個あるいは1,000個あったとしても、さほど負荷は高くありません。

なお、センサーがカメラに代わり、先ほどの式で10Bの代わりに1MB（メガバイト）という大きめのデータの画像を5分ごとに1回上げてくるとしても、0.027Mbpsとなります。クライアントPCに比べれば低いのですが、画像ファイルのサイズや上げてくるタイミングによってはネットワークへの負荷も想定する必要があります。

## 帯域への負荷から考える

ここまでを踏まえると、以下のような傾向があることがわかります。

**▶ センサー中心だとデータ量は小さい**

- 既存のネットワークがあれば載せやすい
- LPWAも充分候補になる

**▶ 画像中心だとデータ量は大きい**

- 状況によっては既存のネットワークの拡張が必要
- そのままのデータ量ではLPWAを使うのは難しい
- デバイスやエッジ側でできるだけ不要なデータは削除したい

次に、ネットワークの構成の観点でベンチマークをしてみます。

### ▶ 業務システムでのネットワーク構成

企業でよくあるLANを中心としたネットワーク構成は以下のとおりです。

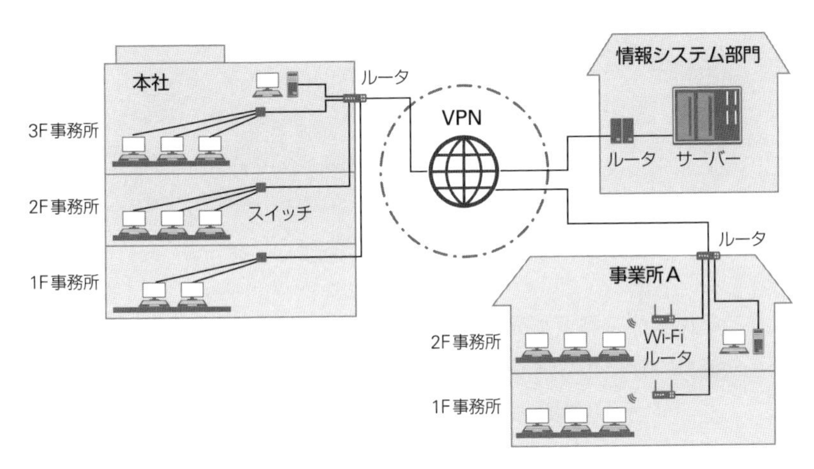


◆図6-7　企業で一般的なネットワークの構成

事務所のフロアや部門・部署などでスイッチがあり、ルータからVPNを経由して情報システム部門で管理されているサーバーに接続されています。既存の業務システムにセンサーなどを追加してIoT化を図る場合には、現行のネットワークをそのまま使えばよいでしょう。もちろんデータ量によってはしかるべき増強は必要となります。

## LPWAによるネットワーク構成

現実にはないことかもしれませんが、クライアントPCのところがセンサーに置き換わって、LPWAで接続する例を考えてみます。

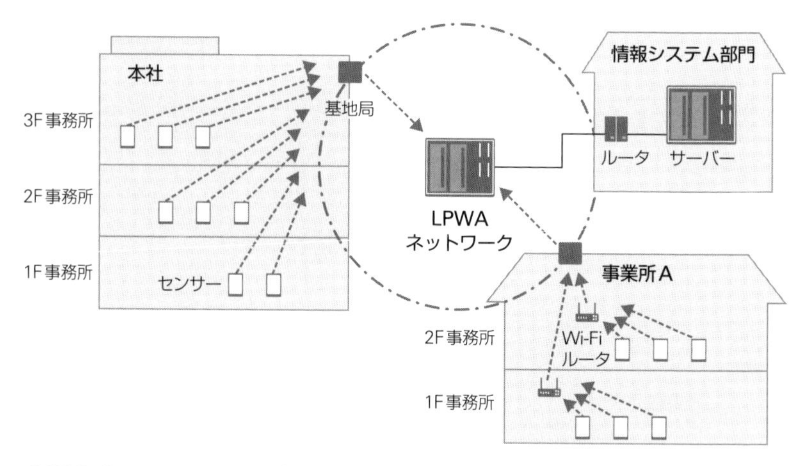


**◆図6-8　LPWAによるネットワーク構成**

　もちろん階（フロア）をまたいで通信できるかなどの試行は必須ですが、かなりシンプルなネットワーク構成になります。ルータなどのハードウェアやケーブル敷設を含めたコストなどと比較すると、明らかに低コストに見えます。LPWAなどに当てはまる利用シーンであれば、コストは確実に安くなるでしょう。

　現実には採用する可能性が低いサービスでも、比較対象となるモデルを設定して構成とコストの両面から比較して検証することが、システム企画の工程では重要です。関係者が頭のなかで図6-9のようなものをイメージし、いずれが適切か明らかにします。

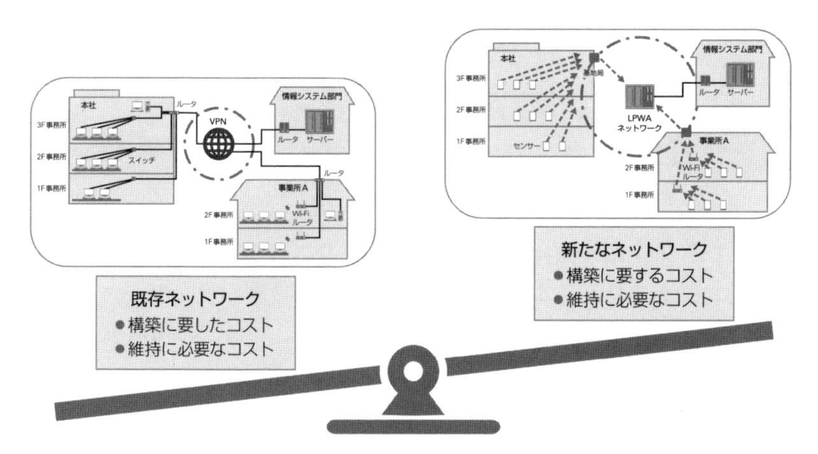


**◆図6-9　構成とコストとを比較する**

図6-9ではコストだけでイメージしていますが、新たなネットワークであれば**利便性や拡張性などの項目を加えて検討すること**も必要です。多少手間がかかるかもしれませんが、比較対象となる構成のスケッチも描いて進めると、わかりやすいだけでなく関係者の理解が得られやすいです。

# 6.6 開発方針の検討（1）IT戦略との整合性

**新しいシステムの開発を検討する際に重要なのは、自社のIT戦略に沿うように進めることです。企業や団体での情報技術やシステムの活用については、ITポリシーで体系的にまとめられています。クラウドサービスの普及や進化から、自社開発にこだわらずにサービスを利用する企業も増えています。**

## 自社開発かサービス利用か

クラウドサービスの普及は進んでいます。なかにはすべてのシステムのクラウド化を目指して準備している企業もあります。一方で、多くのエンジニアを保有している企業などでは、自社でシステムを開発して現在でもオンプレミスのサーバーを中心に据えている企業もあります。いずれにしても、ITポリシーでどのような方向に進んでいくかが定められているでしょう。

## OSの選択

少し細かい話になりますが、サーバー向けのOSについては、**Windows**、**Linux**、**UNIX**系が主で、現在の日本市場ではWindowsとLinuxならびにUNIX系で二分しています。システムをできるだけWindowsで揃えたい企業や団体もあれば、Linux化を進める企業もあります。UNIX系は過去のソフトウェア資産の活用や長期間の連続運用に応えるサーバーOSとして現在でも根強い支持はありますが、典型的な用途では同等の機能を持ったLinuxの利用が増えつつあります。

Windowsを優れた製品やサービスであると考える一方で、比較的コストがかかることからLinuxにシフトする企業もあります。

## IT戦略とIoTシステム

IT戦略のなかで、サービス利用を拡大する方針などは明示されていますから、その場合にはクラウドの検討も積極的に行っていけばよいでしょう。OSに関しては、メインフレームからのオープン化やマルチでのOS利用、あるいはWindowsやLinux化を進めるなど、明示されているかはわかりませんが、方向性としては必ずあるはずです。

## 自社開発／サービス利用とOSの関係

実は、自社開発かサービス利用かという問題と、OSに関する方針には関連があります。ここまでの話を図示してみます。

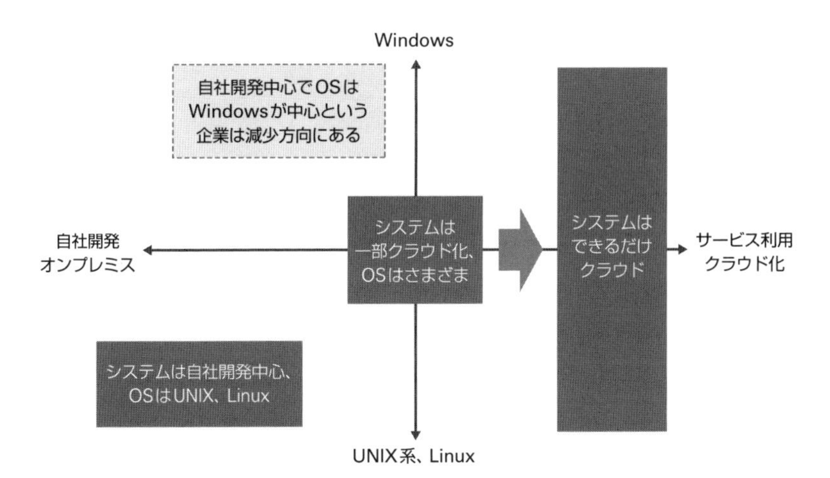


◆図6-10　自社開発／サービス利用とOSの選択

横軸の左側に自社開発・オンプレミス指向を、右側にサービス利用・クラウド化指向をとります。縦軸には下にUNIX系とLinux、上にWindows指向をとります。

実在する企業として、システムは自社開発中心でOSはUNIX系とLinux中心、といった企業があります。左下にプロットします。中央には、システムの一部クラウド化が進み、OSは案件ごとに最適なものを選定する企業をプロットします。システム全体のクラウド化を進めている企業もありますが、それらは右側にプロットします。Windows中心でマイクロソフトAzureのヘビーユーザーは、右上にプロットされるでしょう。

仮に現在の日本企業の多くが中央に位置していたとしても、徐々に矢印のように右側のサービス利用を目指して進んでいくでしょう。ここで見ておきたいのは、皆さんの所属する企業や団体がどこに位置するかということです。その現在地に合った方針を見出す必要があります。

## 自社の現在地に合わせる

クラウド化をすでに目指しているのであれば、サーバー部分はクラウドサービスを前提に検討すべきです。また、自社でシステム開発をしてオンプレミスのサーバーを設置することが通例であれば、追随する選択が無難です。IT戦略やこれまでの企業文化に沿ったIoTシステムの開発方針とするのが確実です。

ただし、クラウド化が進んでいく時代ですから、IoTにおいてもできるだけサービスを活用して、対応が難しいブロックに絞って自社で開発するという動きもあるので、柔軟な検討が必要です。

## クラウド大手のIoTサービスの考え方

6.1節でサーバー側のアプリケーションの話もしていますが、ここで代表的なクラウドサービスの例を見ておきます。大手のクラウドサービス事業者はおおむね同じようなサービスを提供しています。ポイントは、サーバー側とエッジ以下に分けていることです。

### ▶クラウドサーバー

**分析などのアプリケーション**と**通信・デバイス・セキュリティ管理などの基盤**で大きく２つに分けてサービスが提供されています。

### ▶エッジ以下

エッジ機能の提供、デバイスの開発支援など。

### ▶業種・業務対応

主にサーバー側でのアプリケーションですが、製造やエネルギーなどおおむね共通の使い方が見えている業種に関しては、それらのノウハウも提供されています。

現在のサービスは大手クラウドサービス事業者、以前から存在するITベンダー、自社の実績をもとに他社へのサービス提供を行う製造業企業などで群雄割拠の状況です。今後は業種ごとの対応も一層進んでいくでしょう。

## 大手のサービスをレイヤーで確認する

参考として、**アマゾンAWS**と**マイクロソフトAzure**のそれぞれのIoT向けサービスを見ておきます。

アマゾンAWSでは、サーバーでの分析などは**データサービス**、通信やデバイスの管理は**コントロールサービス**と呼ばれ、エッジ以下は**デバイスソフトウェア**という呼称でサービスが提供されています。マイクロソフトAzure IoTでは同じようにサーバー側では**Central**と**Hub**、エッジ以下は**Edge**と**Sphere**で提供されています。

なお、それぞれのサービス名称としてはアマゾンでは**AWS IoT**が、マイクロソフトでは**Azure IoT**の文字がそれぞれの前につきますが見やすさのためにあえて省きました。

これらを階層構造で示すと以下のとおりです。

| 階層 | アマゾンAWS IoT | マイクロソフトAzure IoT |
|---|---|---|
| サーバー／クラウド | ＜データサービス＞<br>AWS IoT Analytics：データ分析<br>AWS IoT Events：イベント管理対応<br>AWS IoT SiteWise：別のDBのデータ構造化や検索 | Azure IoT Central：IoTアプリのプラットフォームに加え、Azure IoT ソリューションアクセラレータ（共通テンプレート）、Azure Time Series Insights（時系列データのリアルタイム分析）などがある |
| | ＜コントロールサービス＞<br>AWS IoT Core：通信管理<br>AWS IoT Device Defender：設定管理<br>AWS IoT Device Management：デバイス管理<br>AWS IoT Things Graph：アプリ構築環境 | Azure IoT Hub：IoTデバイスの制御と管理 |
| ネットワーク | ―― | ―― |
| エッジ／デバイス | AWS IoT Greengrass：ローカルコンピューティング、メッセージング、同期、機械学習などのフレーム | Azure IoT Edge：エッジデバイスにクラウドの機能を提供 |
| | | Azure Sphere：デバイス構築支援 |
| | Amazon FreeRTOS：マイコン向けOS | Windows 10 IoT：デバイス向けOS |

※アマゾンAWS IoT、マイクロソフト Azure IoTのホームページ（2019年11月現在）を参考にして簡略化

**◆図6-11　アマゾン AWS IoTとマイクロソフト Azure IoTのサービスの概要**

それぞれのサービスが呼称こそ違うものの、おおむね同じような機能を提供していることがわかります。

## デバイス開発とOS

デバイスを専門メーカーから購入するのであれば、それ以上の検討は必要ありませんが、自ら開発する場合にはOSに関しての考え方も確認してください。Linuxとの親和性が高いデバイス、Windows 10 IoTとの親和性の高いデバイスなどが存在します。

図6-11のような表を作成して、自社で開発するブロックと他社のサービスやネットワークを使うブロックを明示して、OSやバージョンなども確認したほうが確実です。さらに、コストの項目も付け加えて比較などもできれば、関係者にわかりやすく伝えることができます。

# 6.7 開発方針の検討（2）自社開発部分の明確化

自社で新規にIoTシステムのすべてを開発するのであれば、過去のシステム開発の実績などを参考にして開発方針を検討すればよいでしょう。しかしながら、ネットワークやクラウドなどサービス事業者が提供しているIoT専用サービスを使うこともあり得ます。

## どこまでが自社開発か？

重要なのは、**どこが自ら開発するブロックで、どこがサービス事業者にゆだねる部分かを明確に示すこと**です。店舗や事業所で温度センサーなどを実装する例で考えてみます。

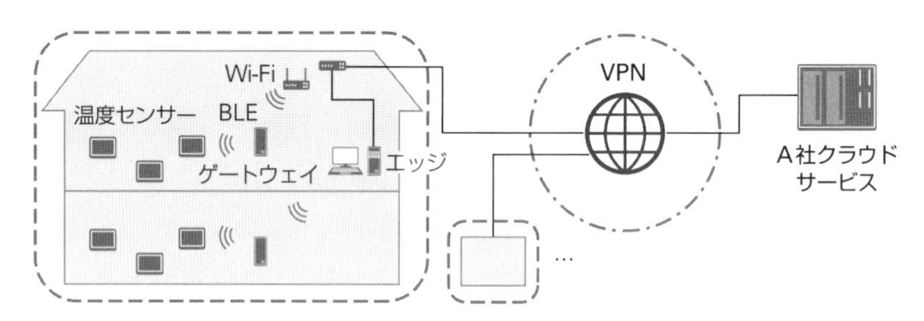


◆図6-12　自社開発と他社サービス利用をイラストで示す例

IoTシステムのイラストではデバイスを左側に置いて、右側にサーバーやクラウドを置くのが一般的になっています。図6-12では、点線で囲んだ部分が自社開発を意味しています。センサーなどは初めて見る方もいるので写真画像を貼り付けてもよいでしょう。

続いて、もう1つの図を見てみましょう。これまで使ってきた階層構造での表現です。

| クラウド | A社　xxサービス | 1 |
|---|---|---|
| ネットワーク | イントラネット、VPN | 1 |
| エッジ | PC | 1 |
| 接続 | Wi-Fi | 2 |
| ゲートウェイ | PC | 2 |
| 接続 | BLE | 100 |
| センサー | 温度センサー | 100 |
| ※1拠点あたりセンサーは100個 | | |

A社のクラウドサービスを利用（10拠点分をカバー）

×10拠点　（自社開発）

◆図6-13　階層構造での表現の例

IoTシステムを理解している人であれば、階層構造で示されたほうがわかりやすいかもしれません。

## 両方の活用がお勧め

関係者との共有では、イラストと階層構造の両方をお勧めします。理由としては、わかりやすいことと、両方を作成していくなかで抜けや漏れなどのチェック機能も果たすからです。企画書のなかでは、システム概要のポイントなどで、**サービス利用による短納期化や柔軟性**、**コスト削減**などを示すだけでなく、開発方針のなかで**技術的な理由**なども明らかにします。利用実績の多いデバイスでサービスに載せやすいといった場合もあります。

## サービス利用のインパクト

サービスを利用したほうが、一般的には自社で開発するよりもコストは低くなります。また、PoCの工程や将来の拡張の状況が見えない場合なども柔軟性が高いので有効です。さまざまな製品とサービスがあるので、早い段階から自社の要件に合うサービスを調査することをお勧めします。

## 企画書の例

さて、第5章、第6章で解説してきた留意点を踏まえて、サンプルとなる企画書を紹介します。事業の1つとして複数の農場を経営しており、生産性の向上や売上拡大を図るためにIoTシステムの導入を企画している例です。

**◆図6-14　企画書の例**

**農場　IoTシステム　企画書**

20XX年XX月XX日
SS商事　経営企画部

目次

1. システム化の目的と背景

2. システム概要

3. システムのイメージと構成

4. 開発方針

5. スケジュールと体制

6. 運用ならびに費用

7. PoCについて

## 1. システム化の目的と背景

システム化の目的

①安定した収穫量ならびに生産性向上の実現

②データ分析をもとにした作物の状態管理、設備制御の自動実行

③農場の人材育成

システム化の背景

①契約供給量の厳守、顧客からの評価向上による売上拡大を目指す

②ベテランの経験だけに頼らない状態管理と環境制御の実現

③長年の課題の人材育成にデータ分析をもとに取り組む

## 2. システム概要

基本的なしくみ

- 各種センサーをハウス内外に設置、取得したデータをクラウド環境のサーバーにアップロードする
- サーバー側では作物の状態や収穫量と合わせてデータ分析を実行
- データの変化から関連設備の制御も即時に自動的に行う

実現できること

- 作物の状態ならびに収穫量とセンサーが取得したデータとの関連性を分析して良好な状態の原因、収穫量を増やせる原因を可視化する
- 分析結果から閾値を設定して、換気扇ほかの設備の自動制御を行う
- 気象データと合わせて分析することで収穫の質・量の精度を向上できる

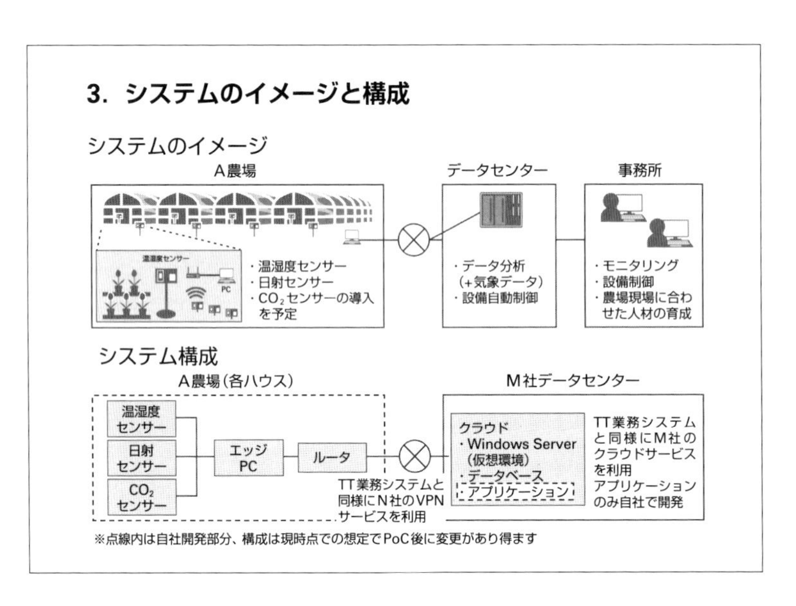

## 4．開発方針

段階的にシステムを拡張

・IoTシステム開発を4つのフェーズに分けて段階的に拡張していきます
　フェーズ1：データ送受信、データ分析、クラウドからの設備手動制御
　フェーズ2：気象データを加えての分析、設備自動制御
　フェーズ3：B農場への展開、デバイスの追加
　フェーズ4：カメラ、AI、RFIDなどを追加し、サービスとして外販も目指す

実績のあるシステムとパートナーに支えられた迅速な開発

・TT業務システムと同様なクラウドとネットワークサービスを利用
・主に業務アプリケーションとデバイス部分をSS情報の支援を得て開発
・大手顧客にリリース状況等を開示し、取り組みを含めて評価いただきたい

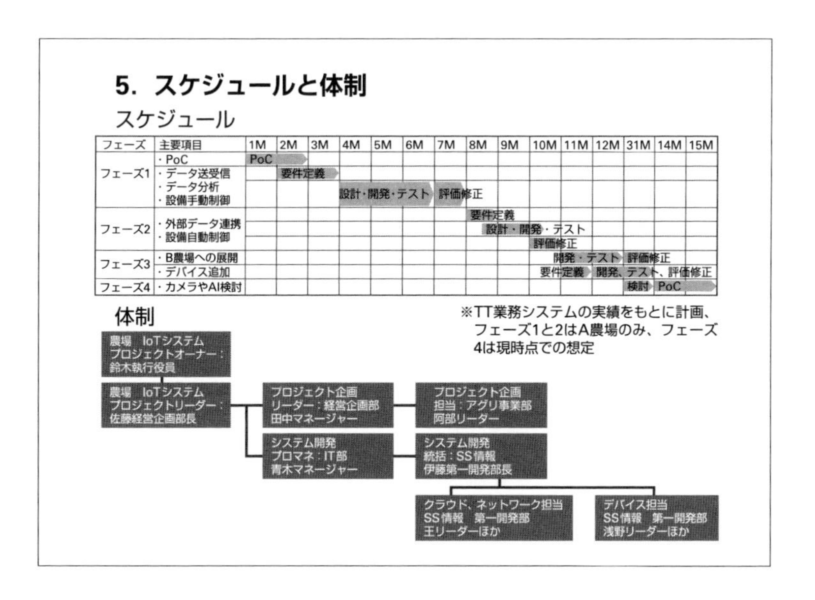

## 6. 運用ならびに費用

### 運用

・アグリ事業部の農場管理業務で利用
　利用者　：A農場従業員（ユーザー権限別途検討）
　サービス：SS情報より提供（詳細別途検討）
　その他　：B農場従業員の利用はフェーズ3以降を予定

### 費用

・フェーズ1

|  |  |
|---|---|
| ・SS情報導入支援 | △, △△△千円 |
| ・デバイス購入 | △, △△△千円 |
| ・N社VPNサービス | △△△千円 |
| ・M社クラウドサービス | △, △△△千円 |
| | 合計△△, △△△千円 |

※ 3種類のデバイス計30台　□□産業より調達予定
※ TT業務システムの費用から想定

・フェーズ2以降は別途説明します

## 7. PoCについて

### 検証内容＜20XX年X月からX月、A農場第5ハウスを予定＞

・温湿度センサーほか、実機でのデータ取得
・取得したデータのクラウド側での確認（トライアルサービスを利用）
・設備制御信号と動作の検証
・デバイスの設置場所、電源などの確認

### ご参考

・温湿度センサー

サイズ：300×116×120　mm
電源　：AC100V、PoE
動作温度：-10～50℃

・A農場での設置に関して問題はありません
・□□産業より貸出機の提供を受ける予定
・SS情報の浅野リーダーが現物ほかを確認済み

Chapter 7

# 開発の留意点（1）デバイス

ここまでIoTシステムの基本、従来型の業務システムとの違い、
構成要素、システム企画の際の留意点などを解説してきました。
本章ではそれらを踏まえて、
システム開発に際しての留意点について解説します。
すべてを網羅することは難しいため、
重要かつ課題となる頻度が高いトピックスを選定しています。

IoT System

# 7.1 基準点を設定する

**無線デバイスを扱うときに最も重要なのは、通信距離や通信範囲を把握しているかどうかということです。さらに、それらをできるだけ正確にとらえておくことです。本節では、そのための基準点の考え方と基準点を測定する方法を解説します。**

## 通信距離の意味

例えばあるビーコンデバイスについて、10mの通信距離があるとメーカーのカタログに掲載されていたとします。あるいはメーカーの担当者が「10mです」と伝えてきたとします。そこで「10mをどうやって測定したのですか」と聞いてみると、意外と「理論値としてはそうです」などと実測をしていないこともあります。

ということは、10mというのは誰かが言った定かでない数字が口コミで伝わってきたのと変わりありません。実際には10mの距離が出ない可能性も充分あり得ます。逆にいうと、**通信距離というのは、その無線デバイスの「素の性能」を誰かが実測したという実績がないと鵜呑みにはできない**のです。したがって、通信距離という言葉に隠された意味を確認しないといけません。

## 電波暗室で測定する

通信距離を正しく測定するためには、**電波暗室**という専用の施設を利用します。無線デバイスを製造しているメーカーであれば保有していますが、一般の企業では保有していない設備です。電波暗室は、外部から侵入する外来電波ノイズや、内部からの漏洩電波が遮断されている部屋で、無線デバイスの素の性能を測定することができます。

構造としては、外壁全体が金属面で囲まれており、外部との電波の往来を遮断するようになっています。部屋の内壁に電波吸収材を貼ることで、部屋内部での電波の反射も防止できるようになっています。電波暗室を自前で用意しようとすると、莫大な金額を必要とします。時間単位や日単位でのレンタルの設備などを有効活用することをお勧めします。周波数と電力を測定できる**スペクトラムアナライザ**がついている設備もあります。

しかし、現実に電波暗室とスペクトラムアナライザを使って個々の無線デバイスを実測するのは、高価な製品を大量に生産している工場や止めてはいけないプラント内で利用するデバイスなどが中心です。しかしながら、「素の性能」を知っておかないと、「本当にこのビーコンは10m飛ぶのか」「このリーダライターで2m離れていても読めるのか」といった不安との戦いとなります。

## 簡易な計測方法

そこで、電波暗室などの手配が難しい方のために、簡易的に計測できる方法をお伝えします。ここで紹介するのは、RFIDやビーコンなどの比較的通信距離の短い無線デバイスでの方法です。

最初にできるだけ広くて金属などが置かれていない部屋を手配します。大きな会議室などを片付けて利用してもよいでしょう。並行して測定に必要な器具を手配します。ホームセンターや100円ショップなどで材料を購入して工作をすると、コストが低く抑えられます。測定器具と対象のデバイスを図7-1のように組み立てます。

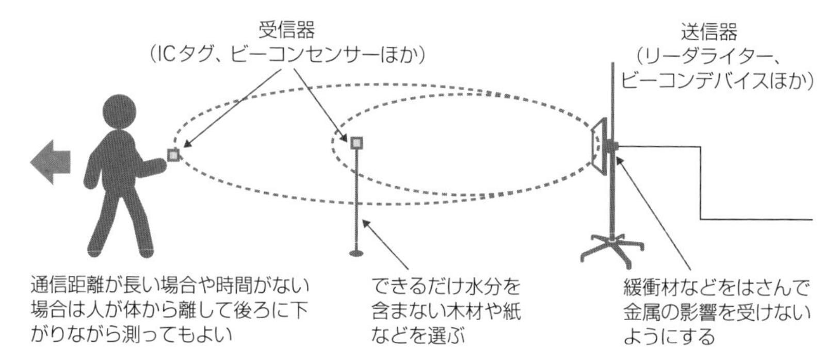


**◆図7-1　測定器具のイメージ**

発信器と受信器をそれぞれ搭載できる器具を作成します。もともとの通信距離が長い場合や器具を作成して測定するような時間がない場合には、受信器を人の体から離して携帯しながら測定します。なお、通信距離が長い場合には、体育館や広い敷地で水分の少ない地面を選んでやってみてください。

## 実際の測定

通信距離ならびに範囲を中心として整理します。図7-2の例では、縦軸と横軸が0の位置に発信器を置いています。自分が発信器となって、ベルトのあたりから電波を発しているとすると、それを上から見たときの通信範囲を示した図です。50cm刻みの目盛りとなっています。測定自体は立体的に上下左右で行います。

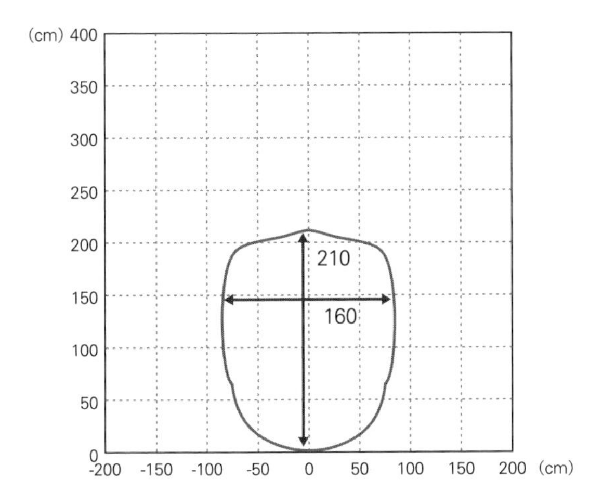


◆図7-2　ある無線デバイスの測定結果の例

実測してみると通信範囲はきれいな卵型になることはほとんどありません。図7-2のケースであれば、通信範囲は縦方向で210cm、横方向で160cmとなります。

地道な作業ですが、これを半日から1日くらいかけて行います。デバイスに専用のツールがあってレスポンスタイムも計測できるなら併せて行います。同じデバイスでも複数サンプルで実行すると、製品によっては「個体差」があることなども理解できます。さらに、異なるデバイスを試せば通信範囲の違いが体感できます。もちろん部屋の違いでも実測値に差が生じます。

## 実測をする理由

次の理由から、無線デバイスを扱う専門家としては実測は避けては通れない道です。

- 開発者として自信を持ってこれくらいの性能と言い切れること（これがわかっているといないでは大違い！）
- 実験の環境での通信範囲と現場の通信範囲は、必ず違いが出ることがわかる

実験と現場適用を何度か経験すると、現場での性能の減衰が想定できるようになります。そうなれば、そのほかの知見と併せて無線デバイスの専門家といえます。素の性能の実測をもとに、システム構成の設計や実装に取り組んでいけばよいのです。なお、すべての開発者がこの作業に取り組むことは難しいかもしれませんが、システムやサービスとして納品するような立場の方は、品質の観点から必ず実行してください。

## 現場での基準点の設定

実験環境での実測値は参考として、運用テスト時、もしくは測定できるのであれば本運用開始時の通信距離や通信範囲を基準点と定めます。

システム稼働時点から例えば１年経過すると、通信距離が変化することがあります。工場や倉庫などでドアを開けて作業をするようになった、別に新たな機械が設置された、などさまざまな理由がありますが、稼働時からの環境の変化によって性能が変動します。システムが正常に動作していればこそですが、運が悪いときはデバイスの品質などで性能が減衰することもあります。

そんなときも「基準」があれば、性能の変化の理由が推測できるので対処ができます。近距離無線のデバイスにおける基準点の重要性が理解できるかと思います。

# 7.2 レスポンスタイムの確認

**前節で通信距離と範囲の測定について解説しました。性能において通信範囲と並んで重要な項目としてレスポンスタイムがあります。レスポンスタイムはデバイスのハードウェアならびにソフトウェアとしての特徴を可視化してから把握・測定します。**

## レスポンスタイムの測定

**無線デバイスの送信器から電波を送信して受信器で受信し、受信したことを送信器に返すまでの時間**を**レスポンスタイム**といいます。この時間が短いほど、速く動く対象にも対応ができることになります。もちろん前節で解説した通信範囲内においてという前提はあります。

レスポンスタイムの測定は基本的に、**無線デバイスに付属しているソフトウェアを利用**します。そのようなソフトウェアが付属していない、あるいはそのような機能がない場合には、取得したデータと設定できる通信間隔から推定値を算出します。例えば200ms（ミリ秒）間隔で通信が可能で、データの取得自体も実際に1秒間に5レコードあるのであれば、レスポンスタイムは200ms以下であると推定できます。

## レスポンスタイムが重要な理由

例えば、あるRFIDのリーダライターが200msサイクルで読み取りをするとします。ハードウェアとしてのリーダライターとICタグの構造をスケルトンで見ておきます。

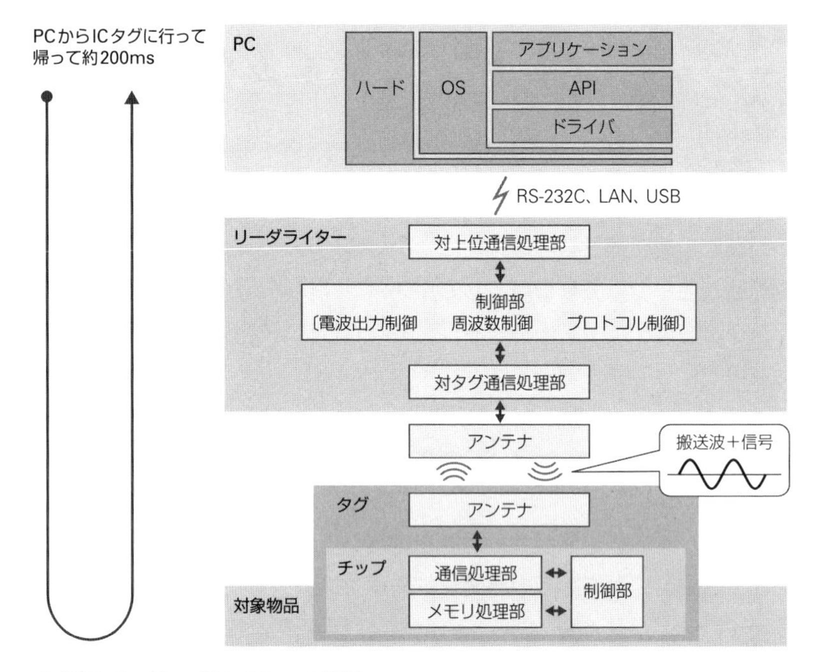


◆**図7-3　リーダライターの構造**

リーダライターだけでも通信処理部、制御部などの複雑な構造からできています。それぞれの構造での経過や到達時間を差し引いて、200msのなかで実際に読み取りに使える時間を約70msと仮定してみます。適用する現場では、ICタグを貼付した部品である対象が、工場のライン上で1秒間に2メートル進むとします。以上の前提をイラストで表現すると図7-4のようになります。

ソフトウェアもハードウェアに合わせて細分化すると図7-4のとおりですが、この例であれば充分に読み取れることがわかります。

ところが数倍のスピードで対象が動くとなると、図のなかの部品の横幅が数分の1となることから、タイミングが合わないと読み取りができない可能性も出てきます。例えば、時速40キロ程度で走行する自動車の場合には、図7-5のように表現できます。

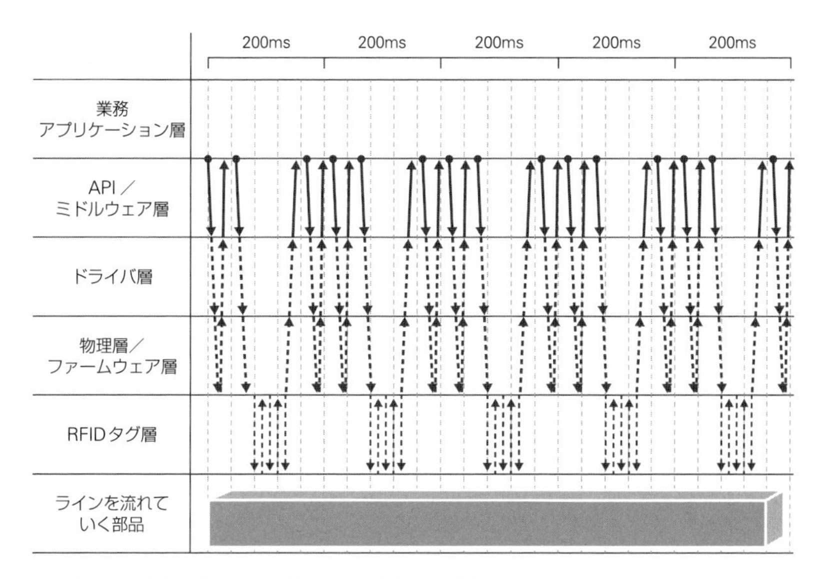


◆図7-4　対象物とレスポンスタイムの関係

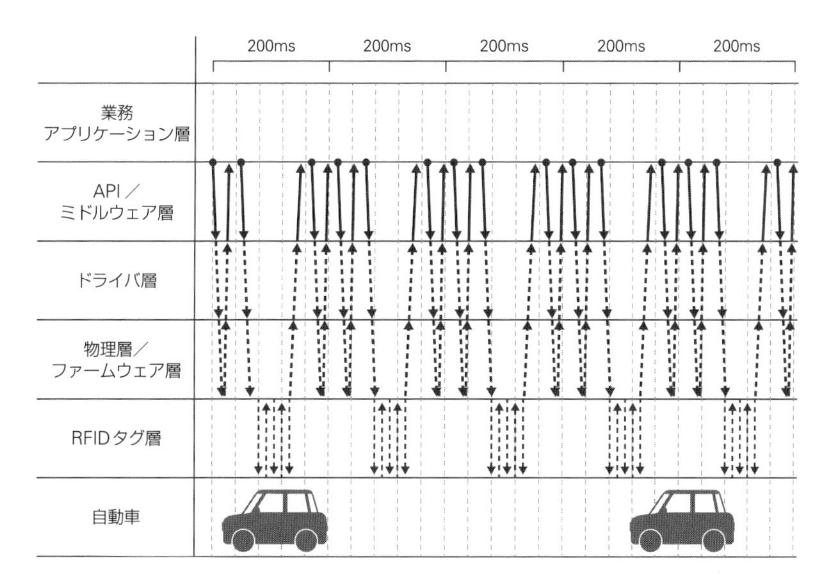


◆図7-5　自動車とレスポンスタイムの例

工場でラインを流れる部品と比べるとはるかに速いことから、通信範囲内に入るタイミングと合わないと読み取りは難しいでしょう。これらの図は比較的単純に表現していますが、現実にはキャリアセンスによる遅延なども加わります。

## 通信範囲とレスポンスタイムをセットで

無線デバイスの対象が動く場合には、通信範囲に入ってきたときにどれだけのレスポンスでデータの送受信ができるかがいかに重要であるか理解できたかと思います。対象が動くモノや人である場合には、常に併せて検討してください。レスポンスタイムの把握が困難であれば、通信間隔に留意するとよいでしょう。

## レスポンスタイムとレイテンシー

本節では、無線デバイスが送信器から命令を発行して、受信器でデータを取得して送信器に返す時間をレスポンスタイムと呼んできました。本書では、デバイスがデータを取得して（ゲートウェイやエッジを経由するかもしれない)、ネットワークを経由してサーバーに到達して、**サーバーからデバイスにデータを受信したことを返すまでのトータルの時間**は**レイテンシー**と呼んで２つの言葉を分けたいと考えています。

２つの用語が同じ意味で使われることもありますが、冒頭から述べてきたように、デバイスによって構成が異なることと、IPアドレスの有無の違いもあることからあえて分けることとします。

図7-6を見ると、システム構成によって異なるのがわかります。

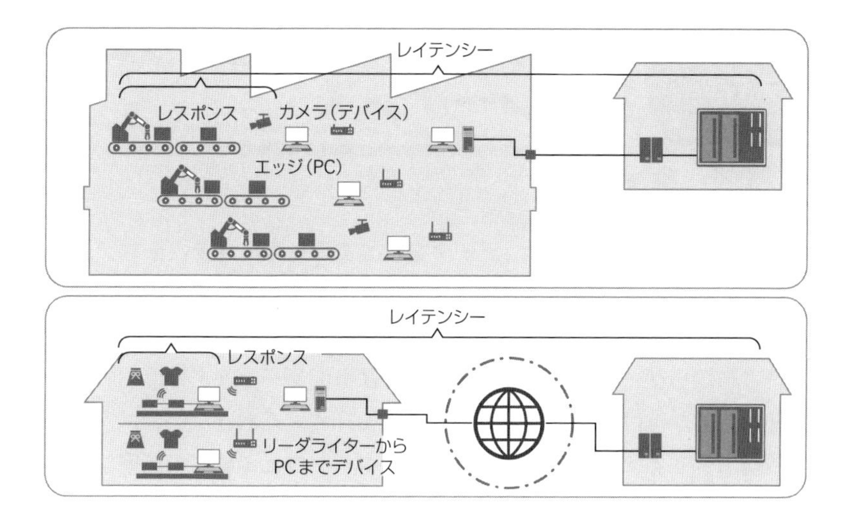


◆図7-6　レスポンスとレイテンシー

このような用語の使い方は、プロジェクトの関係者の間でも確認して進めてください。

## レイテンシーの測定も必須

ここまでレスポンスタイムを中心に解説してきましたが、レイテンシーの測定ももちろん必須です。WindowsやLinuxでおなじみの**pingコマンド**は、サーバーからクライアントへの接続や逆の状況を確認したいときなどに利用されますが、コマンド発行の結果として右側に何msで応答されたかが表示されます。IPネットワークであれば簡単に測定ができるので、必ず測定し、レスポンスタイムとともに基準値を持っておきます。

# 7.3 デバイスのデータ送受信の接続シーケンス

IoTシステムにおいては、データを取得するためにさまざまなデバイスを意図したとおりに操作できるようになる必要があります。最初にデバイスの仕様とデータの取得の方法を理解することが重要ですが、次にデバイスからゲートウェイに対してどのようにデータが送受信されるかを知っておかなければなりません。確実に押さえておきたいのは、データ取得に関するデバイス間やデバイスとゲートウェイ間での接続シーケンスです。近距離無線デバイスのBLE、RFIDなどを例に挙げて解説します。

## スマートウォッチで脈拍をとる

健康管理に関心が高い方のなかには、スマートウォッチを利用して日常的に心拍数データを取得して、スマートフォンの専用アプリで測定値ならびに履歴を見ている方もいます。心拍数の上下動と要因を時系列的に分析することで、健康増進につとめているようです。同じようにして血圧データも測定できるようですから、ウェアラブルセンサーとデバイスは一層進化していくでしょう。

スマートウォッチなどのデバイスを心拍数センサーとして活用するのは、一個人の健康管理の場合が多いと思いますが、スマートフォンをゲートウェイとしてクラウドに接続して、保険会社やヘルスケアビジネスの新たなサービスとして利用されているケースもあります。このような利用シーンになると、まさにIoTシステムと呼ぶことができます。

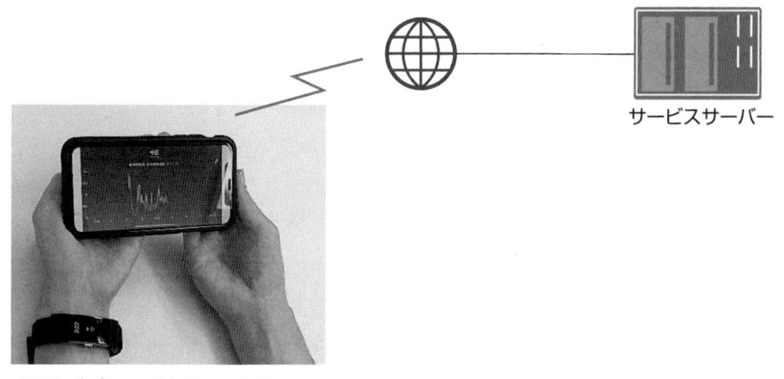


◆図7-7　スマートウォッチで心拍数データを取得してスマートフォンで分析

## BLE接続の処理の流れ

ここでスマートウォッチからスマートフォンに、どのようなステップでBLEを通じて接続ならびに心拍数データの送受信がされるかの処理の流れを見ておきます。処理の流れを大きく分けると、①**検知**、②**機器認識**、③**接続**ならびに**データ送受信**、④**接続終了**の４つのステップになります。

◆図7-8　４つのステップでの処理の流れ

検知は、無線機器であるハードウェア主体の機能で、認識以降はソフトウェアも活躍します。BLEで検知できる2.4GHzの周波数帯の無線波を発している機器が、通信可能な範囲内に存在するかを確認する機能です。検知ができた後で**ペアリング設定**済みの機器を認識します。

もちろん、事前にスマートウォッチとスマートフォンの間でペアリングの設定がされていることが前提です。スマートウォッチはスマートフォンに対して電波を供給してデータを送信し、スマートフォンは受け身の立場として受信します。**スマートウォッチが送信器**で、**スマートフォンが受信器**の関係です。

## 処理の流れを押さえることの重要性

多くの近距離無線デバイスで、検知、認識のプロセスが事前にあってから、データの送受信が行われます。この後で解説しますが、RFIDなども同じ考え方です。ここではBLEを例としましたが、検知に始まる基本的な処理の流れを押さえておくことは重要です。

言い換えると、いきなりデータの送受信をするのではなく、検知で相手が存在することを感じて、相手の素性を確認してからデータのやり取りをします。デバイスにもよりますが、最初に検知というステップがあることを覚えておいてください。

なお、一部の無線デバイスには検知のステップを省略してデータを送信するタイプもありますが、基本は検知に始まる４つのステップです。この４つのステップを知っておくと、無線デバイスを設置した後でデータを受信することができないなどのケースに対応することができます。受信器やゲートウェイの側から見て、次のどの状態かを把握して対処します。

- 検知自体ができない
- 検知はできるが認識ができていない
- 検知・認識はできているようだがデータが受信できない

## 参考 RFID（13.56MHz、UHF帯）の処理の流れ

RFIDのようにシンプルな機能のデバイスは、図7-9のような処理の流れになります。

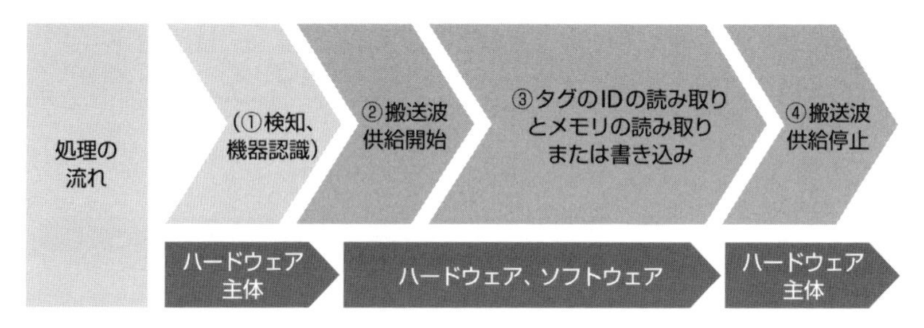


◆図7-9　RFID(13.56MHz、UHF帯)の処理の流れ

メーカーによりますが、①**検知、機器認識**、②**搬送波供給開始**、③**タグのIDの読み取りとメモリの読み取りまたは書き込み**、④**搬送波供給停止**の流れで進みます。メーカーによっては、①のステップがないものもあります。

## シーケンスから原因を明らかにする

例えば、検知自体ができていないのであれば、電波が弱い、電源が弱い、ハードウェアが機能していないなど、主にハードウェアに起因する要因が想定されます。

検知ができて認識ができないのであれば、デバイスの登録ができてい

ないことなどが考えられます。一方、検知や認識ができているのにデータ受信ができないのであれば、ハードウェアとしての仕様の再確認やゲートウェイ側の命令の確認など、ソフトウェアとしての観点からの確認も必要となります。

## 参考 BLE 4.2の接続シーケンス例

Androidスマートフォンにおける BLE 4.2の接続シーケンスも見ておきます。なお、スマートフォン側でのステップの最初の検知は、ここでは「**Scan**」と表現していますが、無線システムによっては「**ACK**（アック、Acknowledgeの略称）」、「**Verify**」などと呼ぶこともあります。無線システムの経験者であれば「ACK」と呼ぶことが多い機能です。

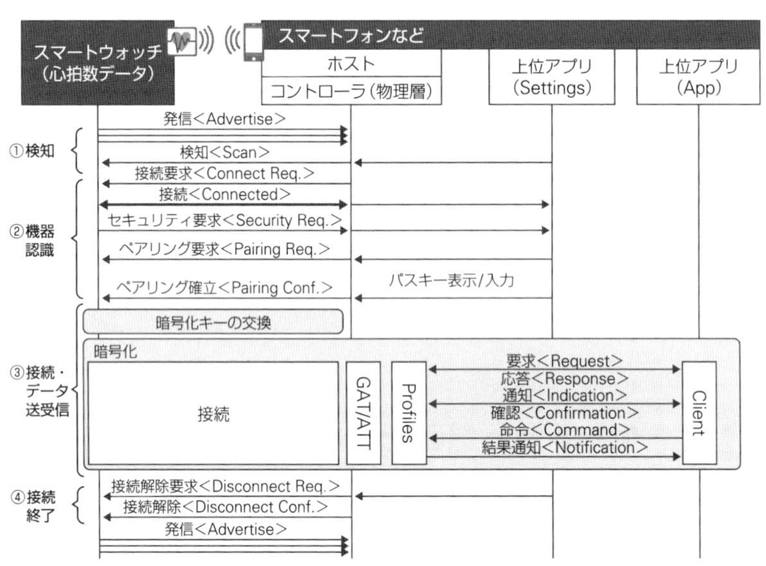


※BLE仕様、Android仕様などを参考にして作成

◆図7-10　BLE 4.2接続シーケンス例

細かいやり取りは多少複雑ではありますが、データを送受信する処理の流れは大きく4つのステップに集約されます。

## 参考 最もシンプルなビーコンデバイスの例

最もシンプルなビーコンデバイスの場合には、送信機は発信を定期的に繰り返し、受信器はそれを受けてはいるものの、受けたという合図は出さないというものです。

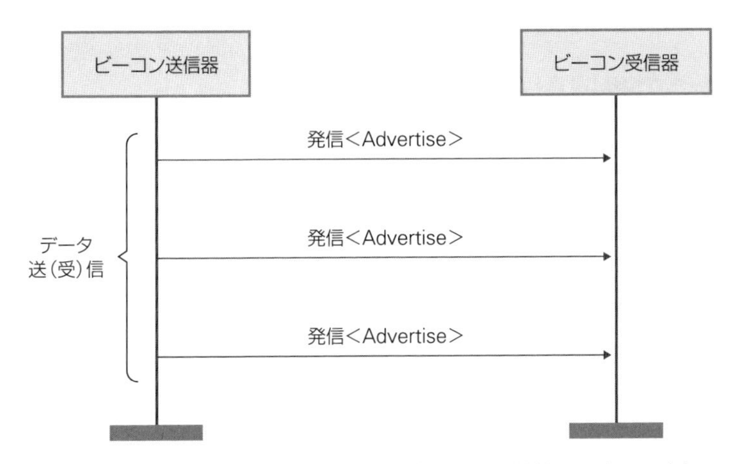


**◆図7-11　最もシンプルなビーコンデバイスの接続シーケンス例**

このようにデバイスによって接続やデータ送受信のやり方は異なるのですが、こういった特徴を押さえておくことで性能の向上や問題の解決を図ることが可能となります。デバイスの仕様書にシーケンス図が掲載されていることもありますが、なければ仕様書などをもとに作成しておくことをお勧めします。まずは、細かいやり取りを別にして、ステップ単位で大きくとらえることが重要です。

# 7.4 無線デバイスの最適化

**無線デバイスを設置したときに、想定どおりの性能が出ないことがあります。これは設置される現場の環境によって性能が減衰することによります。さまざまな手法で性能の減衰を最小限に抑える、あるいは性能の向上を図る活動が必要となります。**

## 2つの最適化手法

無線デバイスの最適化は、図7-12の2つの段階を踏んで進めます。いずれもデバイスの基本的な仕様ならびに性能を押さえた上で、現場の業務、対象、利用シーンに合わせて行います。**ハードウェアの最適化**、**ソフトウェアの最適化**の順に進めます。

| 最適化手法 | 具体例 |
|---|---|
| ハードウェア最適化 | 出力制御、システム構成、設置位置、対象への貼付方法・貼付位置など |
| ソフトウェア最適化 | 通信間隔、リトライ制御、コマンド最適化 |

◆図7-12　無線デバイスの最適化手法

## ハードウェアの基本性能を上げることはできない

1点、確実に押さえておくべきなのは、**ハードウェアに関してはユーザーが性能を上げるのは難しい**ということです。図7-3のハードウェアのスケルトンをあらためて見ると、ユーザーが自ら修正できる箇所はほとんどないことがわかります。つまり、**与えられた性能をどのようにし**

**て引き出すか**ということになります。

一方でソフトウェアの最適化はテクニックやノウハウの塊で、システム設計者や開発者個人の差が出るポイントです。

# 7.5 ハードウェア最適化

ハードウェアの最適化は主に４つの観点で行います。前節で解説したように、性能そのものが上がるわけではなく、基本性能を引き出すためのノウハウと考えるとよいでしょう。わかりやすいのでRFIDを例に取り上げます。

## 出力制御で通信距離を調整する

ハードウェア最適化の１つ目の観点は、**出力制御**です。電波を送信するデバイスは出力を上げれば通信距離は長くなり、下げれば短くなります。デフォルトの設定を確認し、必要な場合、あるいは上げることが可能な場合は**出力を上げて通信距離を長く**します。

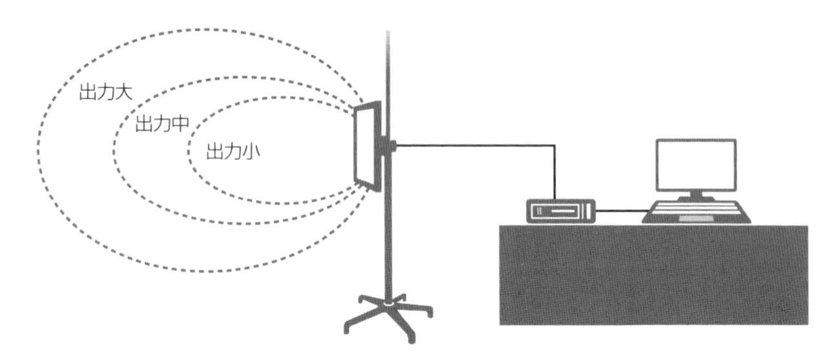


◆図7-13　RFIDのリーダライターの出力制御の例

図7-13のように出力の大小に比例して通信範囲が変わります。

## システム構成で最適なハードウェアを確認する

次に、システム構成です。PoCの結果にもとづいて**ハードウェア構成が最適となっているか**を確認します。例えば、RFIDのアンテナが１枚と２枚では読み取れる範囲も違います。ビーコンでいえば送信器や受信器の数量にあたります。

## 設置位置を調整する

また、**受信器などを設置する場所や向きが対象に対して適切な位置にあるか**ということを確認します。対象との関係で読み取り範囲が最大になる、あるいは通信できる時間が最長となる位置を選定します。

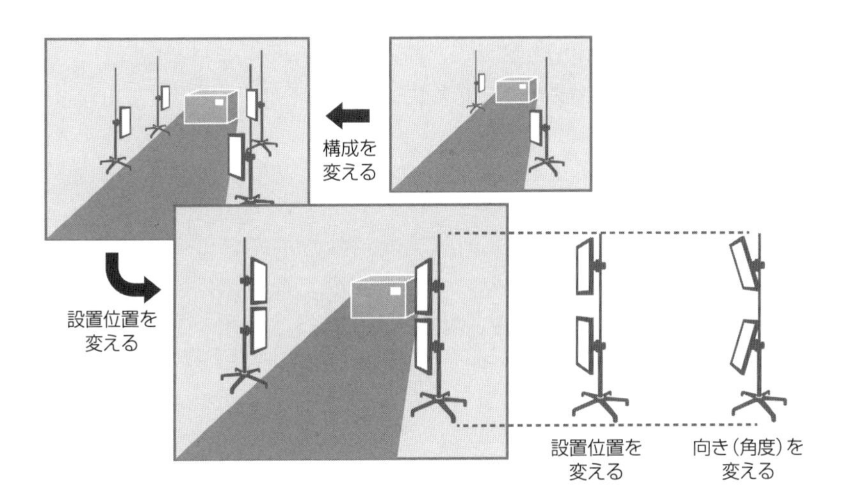


◆図7-14　RFIDのアンテナの構成、設置位置の変更の例

図7-14のようにアンテナ２枚の構成を４枚にする、設置位置や向き（角度）を変えるなどして対応します。なお、アンテナの枚数が増えると１枚あたりの通信時間は短くなります。

## 対象への貼付方法・貼付位置を修正する

例えば、**ICタグを対象物のどこにどのように貼付するか**で読み取りやすさは変わります。ビーコンも、ただ渡すだけでは人によって携帯方法が異なってきます。ストラップをつけて渡すと、ほとんどの方は首からぶら下げますが、一部の方は背中側やポケットに入れたりするかもしれません。結果として電波の指向性や強度に影響が出ることもあります。

ここまで４つの手法を紹介しましたが、このような取り組みをするかしないかでデバイスの性能が異なることが理解できたかと思います。

なお、通信範囲内であっても、無線デバイスの送信器が発射した電波が金属などによる反射が原因で読み取ることができないヌルポイントが発生することがあります。

また、水や人体は水分が多いことから電波を吸収します。金属や人の位置、雨や雪などの環境による性能の減衰があることも覚えておいてください。

# 7.6 ソフトウェア最適化

**ハードウェアの最適化を終えた後でさらに性能の向上が必要であれば、ソフトウェアの最適化に入ります。ソフトウェアの最適化は、業務そのものや業務アプリケーションとも深く関わってきます。**

## 通信間隔を調整する

ソフトウェア最適化の１つ目の観点は、**通信間隔**です。第３章で代表的な無線デバイスを紹介しましたが、それぞれが定期的な通信を行っています。**定期的な間隔で電波を発信**しているのですが、**この間隔を変更することで読み取りがしやすくなる**ことがあります。

例えば１秒間に１回と１秒間に５回のケースで考えたときに、対象物が移動するのであれば、５回のほうが接続できる確率は確実に高くなります。通信間隔はデバイスに添付されているソフトウェアなどで変更ができることから確認してほしい項目です。なお、通信間隔を細かくすると電力の消費量は上がるため、電池駆動の場合には電池交換のサイクルが短くなるので注意が必要です。

## リトライ制御で接続を確実にする

また、**接続ができなかったときにリトライするかしないか、リトライするのであれば何回行うかの設定**をすることでも、ソフトウェアを最適化します。デバイスに添付されているソフトウェアで設定しますが、デバイスによってはこのような設定が可能なので、まずは機能の有無の確認をすべきです。

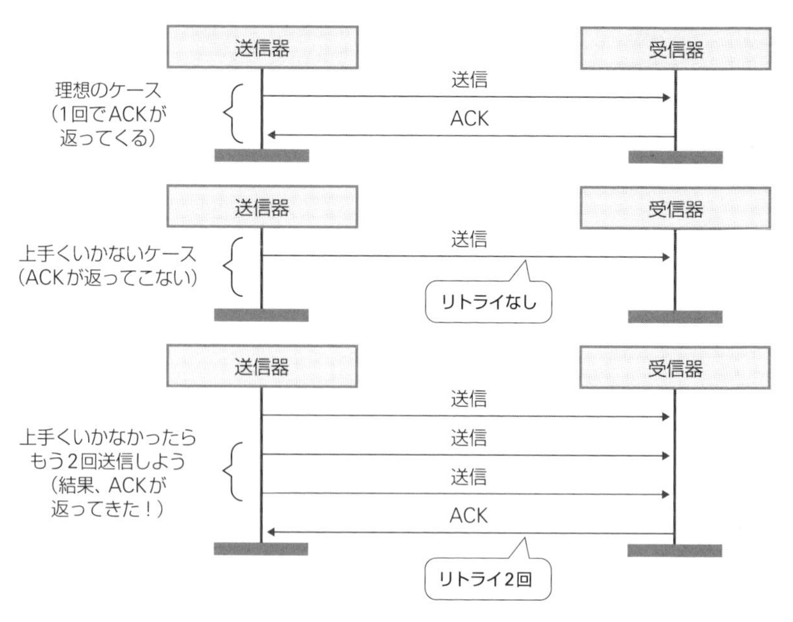


**◆図7-15　リトライ制御の例**

図7-15ではリトライの設定で接続を果たしています。

## コマンド最適化で無駄をなくす

デバイスに提供されている開発者向けのコマンドも最適化します。例えば、データの読み取り後に次の動作に移ればよいのにさらに読み取りを続けてしまう、IDだけを読み取れればよいのにIDとメモリも読み取るなど、それぞれの動作に対して各種のコマンドが提供されていますが、やりたいことに対して最適なコマンドを選択するということです。

無線デバイスによってはデフォルトでもIDの送受信はできるようになっていますが、やりたいことに対して**最適なコマンドを選定したほうが無駄な動作がなくなる**ので、**レスポンスタイムの短縮や読み取り精度の向上**につながります。

# 7.7 データの整形

**センサーで取得したデータがサーバーでそのまま活用されることもあれば、サーバーに届けるまでにクレンジングなどとも呼ばれる整形をすることもあります。目的に応じて必要な処理を実装します。**

## データ変換で形式や単位を変える

データの整形は**クレンジング**と呼ばれることもあります。その代表例の1つが、データ変換です。センサーで取得したデータをゲートウェイやエッジで変換します。よくあるケースとしては、データ形式の変換と単位の変換があります。

### ▶ バイナリ形式からテキスト形式への変換

データを視覚的に数字や文字でとらえられるように、テキスト形式などに変換します。4.5節で解説したように、サーバー側での処理に合わせた形式にします。

### ▶ 単位変換

温度センサーなどでは、**摂氏（セルシウス）**ではなく**ケルビン**で温度をとらえるタイプもあります。センサーが絶対温度のケルビン（K）で温度を取得した場合に、私たちが見慣れている摂氏（℃）に変換します。

20℃はケルビンでは、20 + 273.15 = 293.15 K ですが、「293.15」とセンサーから上がってきたときに、エッジなどで293.15 − 273.15 = 「20」のように変換してサーバーに送信します。

**▶ 規格に合わせた変換**

例えばXMLなどでのデータ送信が要求されている場合に、別の形式から変換します。

## データの圧縮・軽減で負荷を減らす

また、データを圧縮・軽減する場合もあり、データ軽減の代表例として、画像データの取り扱いがあります。被写体の判断に色彩が不要であれば、カラーからモノクロにします。被写体の輪郭が重要な場合には、輪郭情報を抽出したりします。画像データはデータ量が大きいことから、通信やサーバー側での処理に与える影響が大きいため、できるだけ軽減を図ります。

## データ補正で不要な部分を除去する

音に関するセンシングなどでは、雑音が多く入るためノイズデータを除去して補正します。例えば、雨音から降水量を分析するケースなどでは、できるだけ雨音以外の音を除去します。

## データ欠損対策

あるべきデータがないことは**欠損**と呼ばれています。定期間隔でセンサーがデータを取得するはずですが、何らかの現象や理由で取得できないことがあります。欠損をそのまま許容するという考え方もありますが、計算処理や関数などの都合から一定の標本数が必要となるケースもあります。

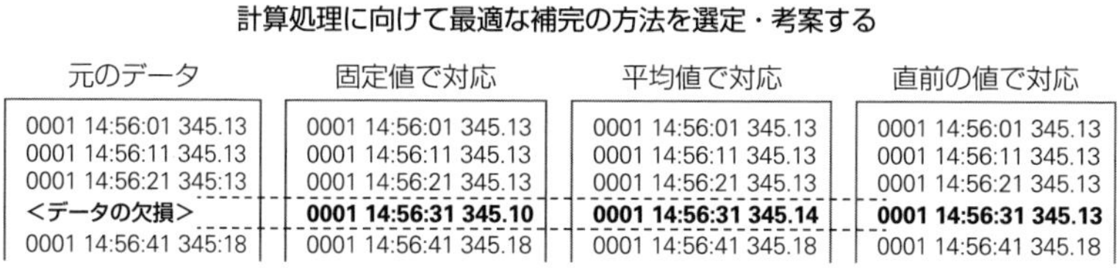

計算処理に向けて最適な補完の方法を選定・考案する

| 元のデータ | 固定値で対応 | 平均値で対応 | 直前の値で対応 |
| --- | --- | --- | --- |
| 0001 14:56:01 345.13 | 0001 14:56:01 345.13 | 0001 14:56:01 345.13 | 0001 14:56:01 345.13 |
| 0001 14:56:11 345.13 | 0001 14:56:11 345.13 | 0001 14:56:11 345.13 | 0001 14:56:11 345.13 |
| 0001 14:56:21 345:13 | 0001 14:56:21 345.13 | 0001 14:56:21 345.13 | 0001 14:56:21 345.13 |
| **<データの欠損>** | **0001 14:56:31 345.10** | **0001 14:56:31 345.14** | **0001 14:56:31 345.13** |
| 0001 14:56:41 345:18 | 0001 14:56:41 345.18 | 0001 14:56:41 345.18 | 0001 14:56:41 345.18 |

**◆図7-16　データの欠損に対応する**

　その場合には、図7-18のように固定値や平均値、中央値などの一定の値のデータを追加したり、直前のデータと同じデータを追加するなどして、データを作成して追加したりします。欠損はデータ分析全体に関わるため、サーバー側で対応することが多いです。もちろん欠損を件数などでチェックするといった処理が必要になります。

Chapter 8

# 開発の留意点（2）ネットワークとサーバー

前章ではデバイスに関する開発の留意点について解説しました。
本章ではデバイスの先にあるネットワークやサーバーの開発について、
システム全体としての観点から重要なトピックスを選定しています。

# 8.1 処理方式の検討

多様な形態となるIoTシステムでは、データをどこでどのように処理するかはきわめて重要です。第3章ではデバイスから実際にどのようなデータを取得できるか、6.2節ではデータフローを、さらに7.7節ではデータ整形について解説してきました。本節ではスケールアウトを想定した処理方式について確認しておきます。

## スケールアップとスケールアウト

**スケールアップ**は個々のサーバーのCPUやメモリなどの増強、**スケールアウト**はサーバー自体の台数を増やすことをいいます。システムが大きくなっていくときに使われる象徴的な言葉ですが、IoTシステムではスケールアウトのケースが多いといわれています。その理由は、センサーやデバイスが増えていくことが多いからです。

デバイスからのデータの送信間隔を狭めて、その分のデータ量が増えることもあり得ますが、むしろ台数が増えていく場合が多いです。これは企業や団体のシステムでいえば、ユーザー数が増えるのと同様です。ウェブサイトなどでも閲覧するユーザー数が増えていくときは、スケールアウトで対応しています。

## スケールアウトを想定した方式

例えば、最初に実装するデバイスをAとして、デバイスAで取得したバイナリデータをエッジで**JSON形式**にデータ変換してサーバーに送信するとします。JSON形式でのデータ提供サービスなども増えていることから、現実的にあり得るケースです。

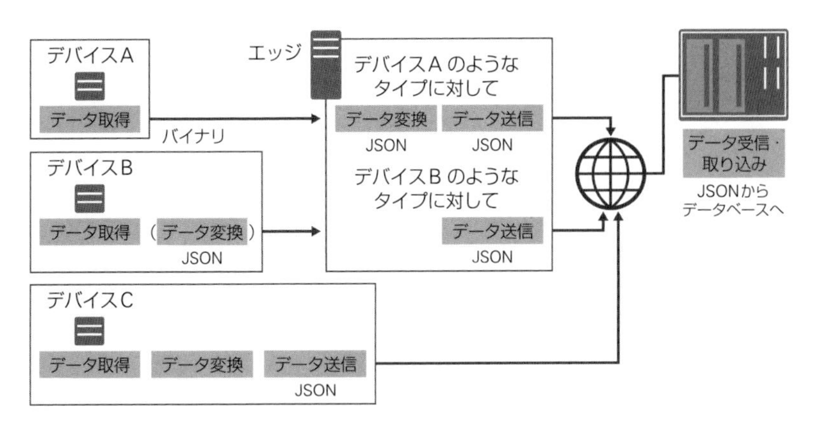


**◆図8-1　JSON形式を前提とした処理方式の例**

次に、JSON形式でデータを提供してくれるデバイスBの実装があり得るとすれば、エッジ側にはデバイスAのようなタイプ用の処理とBタイプ用の処理を想定しておく必要があります。利用シーンや適用したい業務にもよりますが、サイトごとにエッジが1台などの場合には想定しておいたほうが確実です。

このときにエッジの処理能力も併せて検討する必要があります。Bが加わるのであればエッジのスケールアップやスケールアウトを検討します。

なお、デバイスCのようにデバイス側でデータ取得、データ変換、データ送信すべてこなせるのであれば、サーバーの処理能力の問題ですから、まさにスケールアウトに対応できるような設計を意識することになります。

基本的にはデバイスに依存する処理はエッジまでで完了するようにしますが、デバイスがどこに接続されるか、あるいは接続できるかの視点で処理の位置を明確化します。

## カメラの設置を確認する

各種のデバイスが実装済みあるいは実装予定というなかで、カメラが含まれているかどうか確認してください。当初はカメラの必要性はいわれていなかったのに、後になってカメラを導入してシステムを強化するという例は増えています。

先ほどの図8-1には掲載していませんが、カメラの場合は画像ファイルを残す、残さない、残すならどのような条件か、などのような検討が進められます。ファイル形式とサイズは異なるものの、データをどう処理するかという視点で考えればほかのデバイスと同様です。

カメラはシステムのスケールに大きく影響するので、処理方式と合わせて設置の可能性を確認してください。

# 8.2 データベースの選定

**従来型の業務システムでは、データベースといえば、RDB（Relational Database）が主流です。もちろんIoTシステムでもRDBを利用することはありますが、KVS（Key Value Store）やドキュメント指向などのさまざまなデータベースが使われつつあります。目的に対して最適なデータベースを選定します。**

## データベースの種類

SQL ServerやOracleなどの**RDB**はよく知られていますが、SQLを利用しない**NoSQL（Not only SQL）**も徐々に利用されるようになっています。NoSQLには、1つのキーに1つまたは複数の値を持たせる**KVS**や階層構造も備えた**ドキュメント指向**などがあります。

筆者もそうですが、業務システムの経験が長い方は、「データベース=RDB」という認識があり、どんな場合でもRDBを使うと考えがちですが、現在は明らかに違います。

## RDBが常に適切なわけではない

例えばデバイスから上がってくるデータが温度などのようにシンプルで、ある閾値になることを捕まえるのが重要であれば、KVSで用が足ります。**RDBを使うと、さまざまな機能を使うことがないためオーバースペック**となってしまいます。

例えば、ICタグに商品情報を入力して倉庫や店舗などで読み取るとします。ICタグには工場出荷時に商品コードや製造年月日が必ず書き込まれて、商品によってはサイズやカラーなどの情報も追加されるとします。また、倉庫では、重要な商品に行き先となる店舗や本部からの指示を追加で書き込み、機動的かつ柔軟に業務を遂行しているとします。これらの状態を図8-2の４枚のICタグで比べてみます。

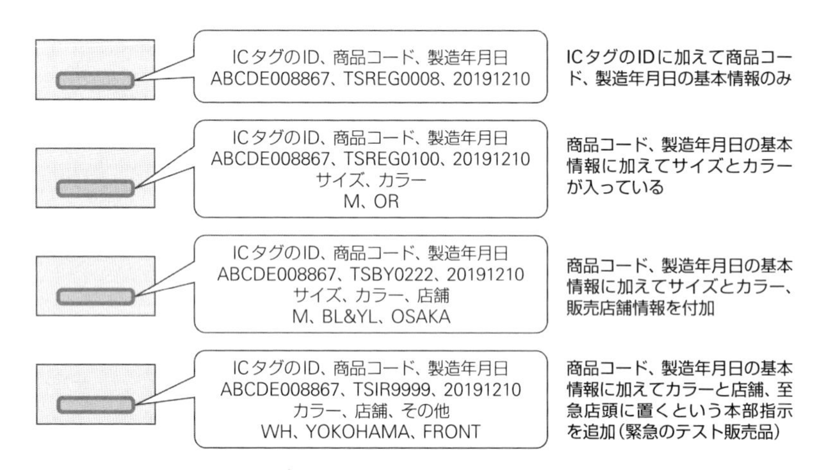


**◆図8-2　機動的に活用されるICタグの例**

これらを店舗で販売時に読み取って、サーバーにもデータを上げて分析するとします。基本情報に対して階層構造で付随するさまざまなデータがあります。倉庫から商品が届いたら、店舗で読み取りをして商品を店舗内のスペースや店頭に配置しますが、販売店を間違えないために「OSAKA」や「YOKOHAMA」などの店舗名を入れる、店頭に至急並べることを「FRONT」で指示するなどで、商品の取り扱いの間違いはなくなります。

項目を限定すればRDBで対応可能ですが、ビジネスの機動性を重視するのであれば、このような自由度の高いデータに対応しやすいKVSやドキュメント指向のほうが適切です。

## 目的に応じてDBやツールを選定する

本節ではデータベースについて解説してきましたが、データベースではなく**テキスト解析系のツール**を利用する、**グラフ機能に優れたソフト**を使うといった選択肢もあります。いずれにしてもRDBにこだわることは現在のIoTシステムでは得策ではありません。

# 8.3 データ分析をどこまでするか？

**IoTシステムでは、デバイスが取得したデータを、必要に応じて外部データと合わせて分析することも大きな特徴の1つです。第10章の事例でも解説しますが、凄いのは今までわからなかったことがIoTシステムによる分析からつかめることです。本節ではよく利用されている分析手法について紹介しておきます。**

## IoTシステムでの分析

IoTシステムは企業の経営に関するデータや個人の生活における金銭に関わるデータなどを直接的に取得するわけではないので（仮にデバイスで取得しても関連データはPoSやそのほかのシステムに転送される）、経営指標や人口統計のような分析はあまりありません。しかしながら、データの蓄積やマスキングをした個人情報データの流通の検討などから、徐々に経営やマクロ分析的な要素も備えるようになっていくでしょう。

日本地図に数値やグラフを載せて見せてくれるような**BI（Business Intelligence）ツール**との連携、統計や各種の工学計算との連携も増えています。

## 基本的な分析

全体の件数などに加えて、データの特徴を見るためにそれぞれの値を合計して標本数で割る**単純平均**、**値の中央値（メジアン）**、**最頻値（モード）**などはたびたび利用されます。

データによっては、**加重平均**や**増減率**、**CAGR（Compound Annual**

**Growth Rate、年平均成長率**）など、中長期的な成長率のような、年度をまたぐ傾向分析を行うこともあります。

## よくある分析（1）相関

集団としてのデータの特徴を見るために、標準偏差や正規分布などを見ることもありますが、やはり多いのは異なるデータ項目の間の関係を見る**相関**です。

| | 平均気温 | 故障件数 |
|---|---|---|
| 1月 | 5 | 1 |
| 2月 | 4 | 1 |
| 3月 | 12 | 3 |
| 4月 | 18 | 5 |
| 5月 | 20 | 6 |
| 6月 | 27 | 8 |
| 7月 | 30 | 12 |
| 8月 | 32 | 15 |
| 9月 | 29 | 13 |
| 10月 | 25 | 10 |
| 11月 | 13 | 5 |
| 12月 | 8 | 3 |

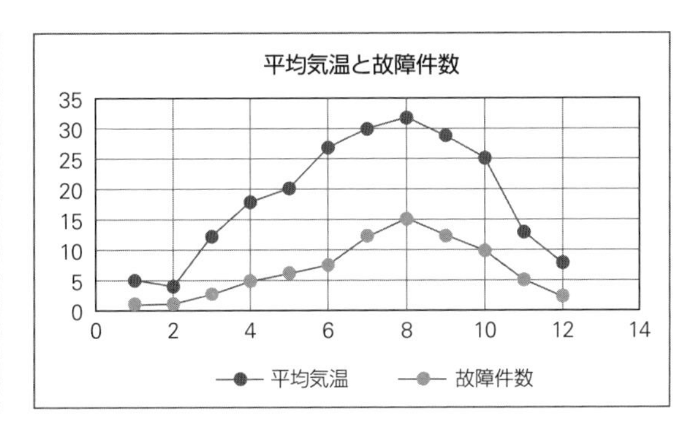


◆**図8-3　平均気温と機器の故障受信件数の関係**

図8-3のような例であれば、左側の表を見ただけで相関があるのではと思われるでしょう。相関係数を計算してみると、0.9567となります。相関係数は相関の正・負の向きと強さをあらわします。+0.7以上なら正の相関が、- 0.7以下なら負の相関があるといわれています。0.9以上であれば強い相関があるともいわれますが、相関係数が0.7以上であれば、そのビジネスの担当者であれば、関係性があるとわかっていることがほとんどです。相関係数がそれを裏付けてくれるのですが、負の相関は担当者でも気づかないことが多いので、こちらを気にとめたほうがよいでしょう。

さらに進めて**回帰分析**などを行うこともあります。もちろんそのほかにもさまざまな統計学的な分析をすることもあります。

## よくある分析（2）移動平均

相関とともによく利用されるのが**移動平均**です。こちらは全体的なデータ分析でも使われますが、センサーが取得したデータの調整や欠損対応などでの利用が多いです。

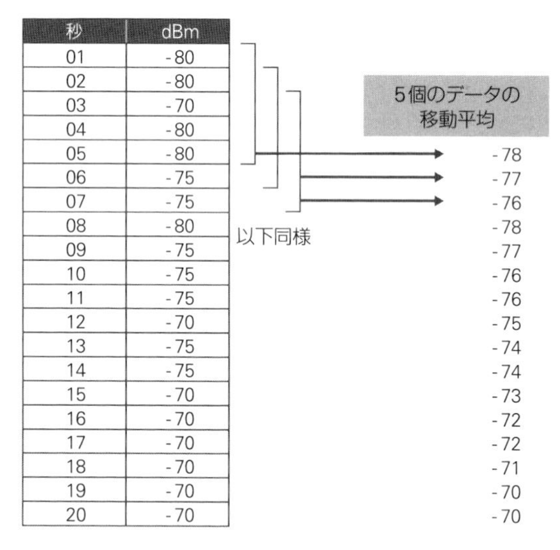

| 秒 | dBm |
|---|---|
| 01 | -80 |
| 02 | -80 |
| 03 | -70 |
| 04 | -80 |
| 05 | -80 |
| 06 | -75 |
| 07 | -75 |
| 08 | -80 |
| 09 | -75 |
| 10 | -75 |
| 11 | -75 |
| 12 | -70 |
| 13 | -75 |
| 14 | -75 |
| 15 | -70 |
| 16 | -70 |
| 17 | -70 |
| 18 | -70 |
| 19 | -70 |
| 20 | -70 |



◆**図8-4　秒単位の電波強度の例**

2.8節で例として挙げたデータをさらに見たときに、左側の実データだけで見ると、電波強度が上がっていると推測できます。そこで、右側に移動平均を算出すると、確実に電波強度が上がっていると判断することができます。

## 各種の工学の関数との連携

近年は、専門的な工学の計算結果を利用して、その後のビジネスの方針を定める取り組みが増えています。現実には、IoTシステムで収集したデータを、工学計算をするシステムが算出した結果と突き合わせて、その計算結果や精度を一層高めるという活動です。

過去の活動をもとに工学的な計算で算出した結果を、現在の生のデータで補完あるいは補強します。したがって、実装の形態としてはIoTシステムのサブシステムとしてさらに一段階追加した分析を実行します。

## 3点測量での測位

**3点測量**とは、近距離無線のデバイスを利用して測位をする手法で、**3角測量（測位）**などとも呼ばれます。サーバー側でデバイスのデータを分析するなかでよくある例の1つなので紹介しておきます。

例えば、3つの無線の受信器を、三角形をつくるように設置して、1つの送信器からのそれぞれの電波強度からおおまかな位置を測定します。わかりやすいのは、ある人物がストラップつきのビーコン送信器を首からかけていたとすると、3つのビーコンの受信器の電波強度でだいたいの位置を測定するというものです。

測位のためには実際には多くの受信器が設置されることから、図8-5のように単純ではありませんが、原理はこのようになっています。

なお、図では距離を無視していますが、より詳細な位置の特定のためには、個々の受信器が物理的な距離としてどれくらい離れているか、あるいはレイアウトとしてどのように設置されているかなどの情報を合わせて利用することが必要です。

簡単におおまかな位置を特定したいのであれば、自ら開発する選択肢もありますが、より詳細に把握するなら関連するソフトウェア製品を購入したほうが確実です。

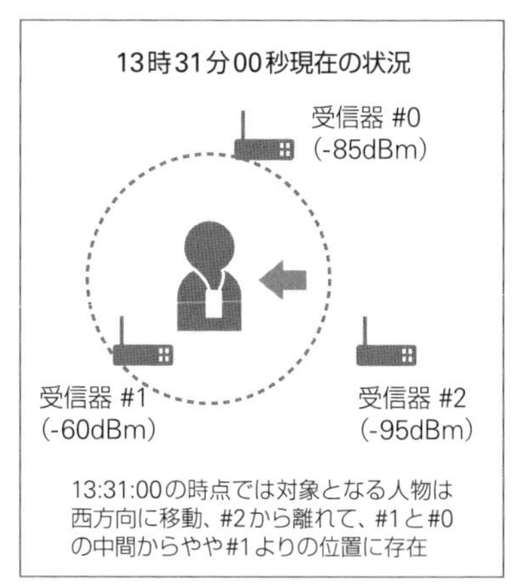


◆**図8-5　送信器の位置を3つの受信器で測定する例**

3点測量はGPSやWi-Fiによる測位などでも使われています。

## システム企画者、プロマネとして

システムの企画者やプロマネとしては、詳しい計算方法を知ることも大切ですが、むしろ**システムの機能として必要な処理や分析であるかを判断**することが重要です。データ処理によっては開発工数が増加するだけでなく、運用の際にも負荷を高めます。無用なアプリはコスト以外にも負の影響を与えます。

また、本節で解説したような取り組みは、業界や業種によって異なります。利用される工学の関数やAIの活用の特性なども違いますから、そのあたりの傾向はできるだけ押さえて臨んでください。

# 8.4 時刻の同期

クラサバシステムでは、サーバーと配下のコンピューターを含めたネットワーク内で時刻を同期するためにNTP(Network Time Protocol)が利用されています。それぞれの機器の時刻の設定が異なっていると、定められた時間に走らせる処理が正しく実行できなくなるからです。IoTシステムでもデバイスからサーバーまでの時刻の同期に取り組む必要があります。

## NTPサーバーで時刻を同期

NTPでは時刻の同期を取るために、クライアントからサーバーに対して時間を問い合わせて確認しています。

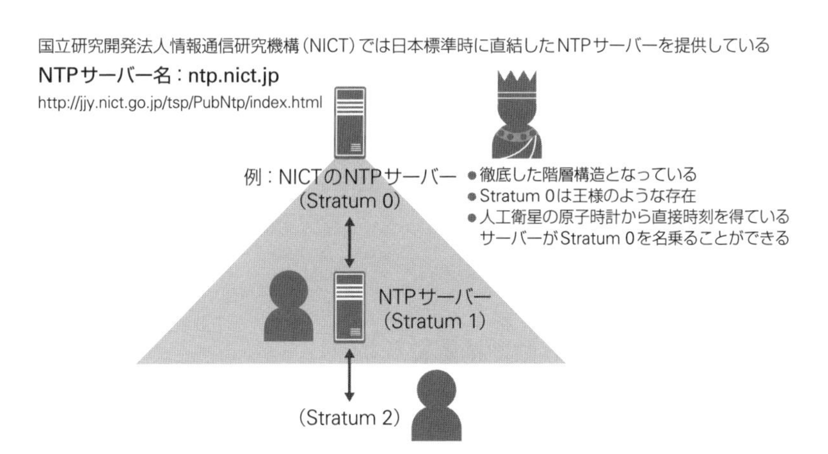


◆図8-6　NTPサーバーと同期を取るための構造

NTPサーバーは、図8-6のようにNICTのNTPサーバーや人工衛星などと同期を取っています。サーバーからIPネットワークで接続されているエッジやゲートウェイまではNTPで時刻の同期を取ることができます。

## デバイスとの時刻の同期

問題となるのはデバイスです。デバイスの時刻合わせに関しては以下のような方法があります。

### (1) エッジやゲートウェイから同期を取る

デバイス自体にそういった機能がついていればそのまま利用し、マイコンであればNTPサーバーを設定して対応します。

### (2) エッジやゲートウェイのデータ取得時刻をデバイスでの取得時刻とみなす

センサー側では時刻データを付さないタイプでの対応です。通信間隔がある程度空いている、あるいはそれほど時刻に厳密ではないシステムです。

### (3) 定期的に手動で時刻合わせをする

デバイスが少ない場合などはこのような方法でも対応可能ですが、そもそも時刻に厳密ではないというケースです。

### (4) 同期は取らない、時刻は気にしない

時刻データを取得する必要がなければ、その分データ量を減らせるので、ないものとしてシステムを設計します。

基本的には(1)または(2)を選択することになります。いずれにしてもシステム設計の際に時刻の同期が必要か確認しておくべきです。

# 8.5 システムとしてのシーケンスとレイテンシー

7.2節ではデバイスのレスポンスタイムを、7.3節ではソフトウェアのシーケンスについて解説しました。本節ではシステムとしてデバイスからクラウドやサーバーを通じてのシーケンスとレイテンシーについて解説します。レスポンスタイムと同様、ネットワークサービス事業者から提供されている資料や実測などを参考にして、レイテンシーの基準値も持っておくべきです。

## シーケンスの２つの考え方

システムとしてのシーケンスには２つの考え方があります。

１つ目は7.2節でも取り上げたように、サーバー側からpingコマンドなどで接続の可否と経過時間を見るように、**サーバー→ネットワーク→デバイスととらえる**やり方です。この方法の場合は、デバイスがIPアドレスを持っていないと現実的ではありません。

２つ目は、**デバイスからサーバーに対して下りの要求を発行あるいは送信して、下りメッセージの受信を確認する**考え方です。ネットワーク事業者やデバイスのメーカーなどの一部が個別に用意している機能で実現できます。

現在のIoTシステムでは、デバイスが自動的にデータを取得してサーバー側に送信するのが主流であることからすれば後者のほうが現実的です。

## シーケンスとレイテンシーの例

図8-7は4.8節で紹介したSigfoxのデバイスからの下り要求とその応答の例を簡単に示したものです。

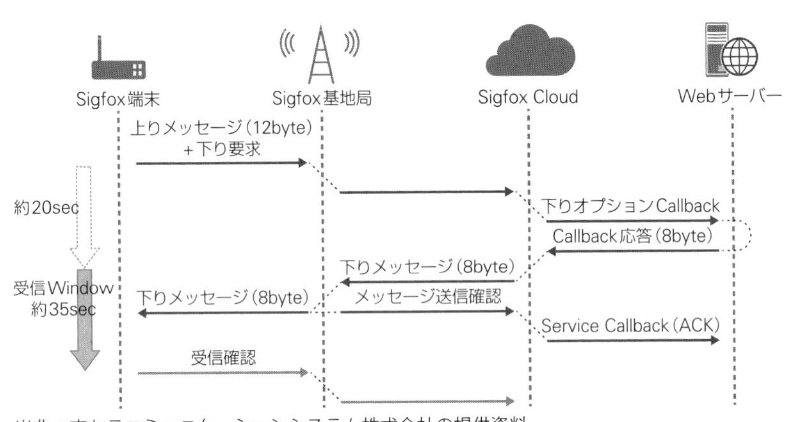


◆**図8-7　Sigfox端末からサーバーへの下り要求の例**

デバイス（Sigfox端末）からSigfox基地局、Sigfox Cloudを経由してWebサーバーに下り要求を送信しています。レイテンシーとしては、上りと下りと合わせても最小の条件であれば100msはかからないように見えます。実際には必要なデータが上乗せされるのと個別の通信環境の問題があるのでこれほど短い時間になることはありませんが、図8-7のようなシーケンスと参考値があることで自信を持って開発に臨むことができます。

LPWAなどではおおむね同じようなシーケンスとなりますが、ネットワークサービスの仕様は無線や通信関係の書籍や雑誌、クリエイター向けのサイトなどでも情報提供されているので、サービス事業者への依頼も含めて確認するようにしてください。

# 8.6 AIとの関係

IoTシステムのなかでAIを活用するシーンは増えています。もちろんAIの活用はIoTシステムに限ったことではありません。現在はシステム全体としてAIをどのように利用するかは大きなテーマとなっています。ただ、IoTシステムのなかでのAIの活用は深追いしないことをお勧めします。

## AIシステムの3つの傾向

現在のAIシステムの開発では大きく3つの傾向があります。

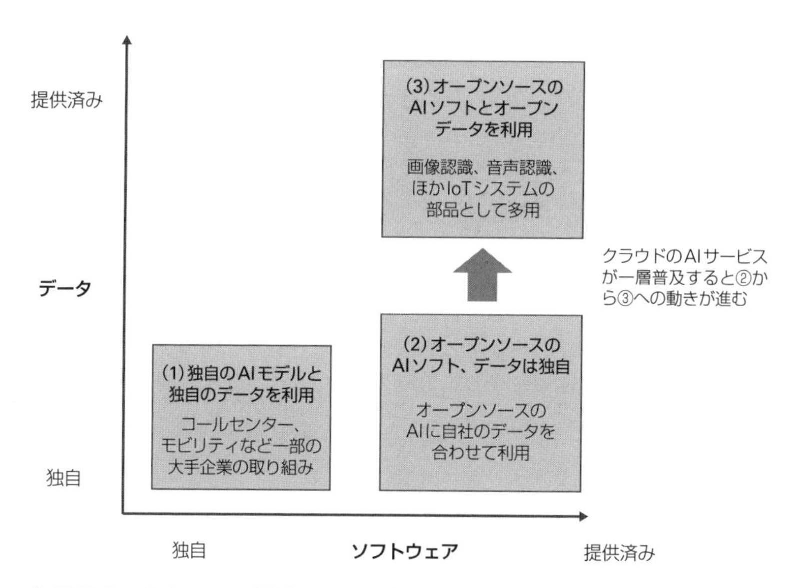


◆図8-8　AIシステム開発の3つの傾向

### (1)独自のAIモデルと独自のデータで固有のAIシステムを開発する

この組み合わせが多いのは、コールセンターなどのコスト面で導入効果が大きい業務や、モビリティサービスなどの将来拡大が想定されるビジネス領域のシステムです。いずれも一部の大手企業や企業連合が比較的大きな投資をして開発しているケースです。独自のAIモデルといっても、AI開発企業のモデルをもとにして開発するケースが多いです。

### (2)オープンソースのAIソフトに自社のデータを学習させて活用する

提供されているデータが企業特性を満たしていない場合に、自社のデータを使うしかないという背景もあります。クラウドサービスで提供されているAIを活用するときはこのケースが多いです。

### (3)オープンソースのAIソフトとオープンデータを利用する

データでさえも公開されているライブラリを使います。第10章で解説する事例もそうですが、IoTシステムでのAI活用の主流となりつつあるものです。結局のところ誰が開発しても同じようなロジックで判断するような内容であれば、すでに存在する成果を活用することが適切です。例えば、画像のなかでの人の判定、特定の音の抽出などが挙げられます。

## 提供済みのアルゴリズムとデータを勧める理由

筆者のお勧めは（3）のタイプです。そのほかのタイプのAI活用は相応の時間を要するからです。例えば、AIソフトは提供済みのものを使う②であったとしても、学習データを自前で用意するとなると、かなりの時間と工数がかかります。

機械学習の場合には、学習用データを作成してAIに入力してロジックを覚えさせて、別のデータで評価するというステップで精度を上げていきますが、実態はここで簡単に説明できるものではありません。

業務の内容にもよりますが、データが複数のシステムに散らばっていたり、一部のデータが構造化されていなかったり、イレギュラーなデータの扱い方を整理するなどの準備があることから、学習用データの整備だけでも時間を要します。

つまり、AIの機能に関して独自の部分が増えると、その分だけ開発工数が増えることになります。したがって、できるだけすでに活用できるものを利用して、IoTシステムとしての迅速な稼働に注力してもらいたいのです。

第10章ではAIによる画像認識の活用例を解説しますが、オープンソースを利用することで時間と工数を劇的に削減しています。

# 8.7 外部システムやオープンデータの活用

IoTシステムをより有効なものとするためには、外部のシステムと連携したり外部のデータを活用したりします。その際に公共機関などで公開されているオープンデータを活用する方法もありますが、現状はデータ提供サービス事業者とAPIで連携して外部システムにシームレスに接続することが増えています。

## Web APIでデータを入手する

データを提供するサービスを手がける事業者の多くは、自社のWebシステムと連携できるようにしています。**API（Application Programming Interface）**といえば、もともとは異なるソフトウェアがやり取りをする際のインターフェイスの仕様を意味していました。近年はオープンデータの活用が増えてきたことから、それらの提供または受領の方式の意味でも使われています。そのなかでも、Webシステムと連携する**Web API**は手軽に必要なデータを入手できるサービスとして普及しつつあります。

## データ入手の典型的な方法

データを入手したい企業は**httpsでアクセス**して、データ提供企業から**オープンデータをJSON、XML、csvの形式でダウンロードする**などの典型的なパターンが確立されつつあります。

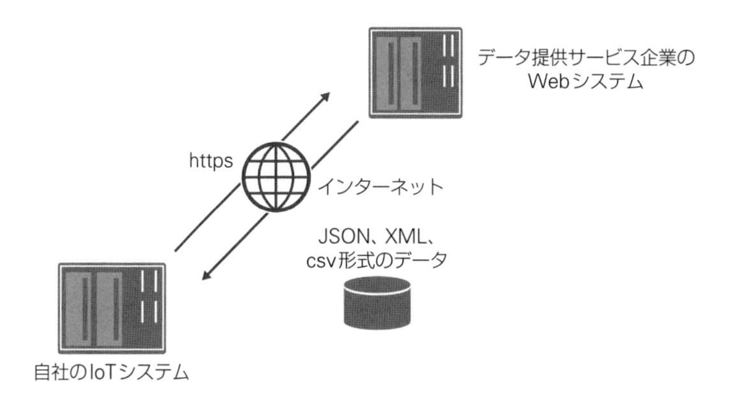


◆**図8-9　Web APIの典型例**

自社のIoTシステムに、外部システムを接続してデータを入手する処理を加えます。データの提供や活用が増えていることから、元データを提供する企業、さらにそれらのデータを整形して販売する企業などのように、役割分担とともに新たなビジネスも生まれています。

## APIの入手がすべてではない

Webのデータベースシステムで APIが公開されていなくて、データの一覧表示や検索、照会の提供などにとどまっている場合は、RPAを活用してデータを自動化して取り込むという方法もあります。ただし、RPAのロボットの頻繁な変更や追加、あるいは予期せぬ停止は避けたいことから、提供側のサイトのデザインやURLがほとんど変わることがないという前提条件が必要です。

# 8.8 開発工程でのリスク管理

IoTシステムにはさまざまな形態があることは冒頭からお伝えしてきました。また、従来型の業務システムとも異なることから、1件、2件などの経験では上手く進められないこともあります。本節では、開発工程で頻出するミスや課題について整理しておきます。あらかじめこのようなことがあり得ると理解していると開発工程での備えも万全です。

## デバイスの課題

何といっても多いのは、デバイスに関しての課題やミスです。

### ▶ デバイスの性能が出ない

導入する現場で、想定していた性能が出ないことがあります。第7章でも解説してきましたが、できるだけ性能に関して事前に理解しておくことが必須です。自らまたは担当チームでの学習も重要ですが、メーカーや販売店などに対して適宜質問できるような関係をつくっておくべきです。思い切って別のデバイスに変更する場合もあります。

もちろんネットワークやサーバー、アプリケーションでもあり得る課題ですが、性能問題が発生しやすいのはデバイスです。

### ▶ デバイスの開発自体が難しい

事前に学習していても、デバイスのコマンドなどが多過ぎて最適なものを選定するのが困難、参考としていたソースプログラムが実装では動かないといったケースがあります。製品自体の問題もありますが、チーム側のスキルに問題があることもあります。PoCや性能把握の段階でできるだけ確認します。

### ▶ 個体差の問題

デバイス自体に問題があるケースです。テスト工程などで同じ種類のデバイスを多数利用してみて初めて発覚することもあります。できればPoCのときに1台ではなく3台以上でテストをして、最悪のときにはデバイスを変更するなどの決断も必要です。

また、センサーによっては**キャリブレーション**という、センサーそのものの特性と個体差も含めてデータ取得の精度を上げる作業もあります。いずれにしてもセンサーや無線デバイスに関しては周到な準備をしてください。

##  サーバー側での課題

サーバーとネットワークでは発生する課題がほぼ同様なので、サーバーでの問題はネットワークでも同じようなものがあると読み替えてください。

### ▶ サーバーの性能見積もりのミス

要求されている性能を低く見積もっていたためにCPUやメモリの増設、あるいはサーバーそのものの変更が必要となるケースです。デバイスやエッジなどからの処理を低く見積もり過ぎていることがあります。

各回の送信データは小さくても間隔が短く多頻度で上がってくる、数量を増やしたなど、システム全般にいえることですが、対応可能なように事例などを参考にして1.2～1.5倍程度の調整は見込んでおくべきです。

### ▶ 必要な処理の失念

デバイスからのデータの取得に関連する処理を忘れることはありませ

んが、デバイスに対する下りのデータ送信や処理は失念してしまうことがあります。また、クラサバシステムでクライアントやユーザーを管理する処理が必ずあるように、デバイスのプロファイルや稼働の管理など、主な処理ではない部分で失念したり、軽視したりしてしまうことがあります。

第11章で解説しますが、セキュリティポリシーにもとづいた管理も必須です。概要設計の際に業務システムやクラサバシステムなどと比較して、「クライアント（オペレーター）から、あるいはクライアントに対してこんな処理があった」と検討するようにします。クラウドサービスであれば、契約予定外のメニューと照らし合わせて抜けや漏れを確認することをお勧めします。

### ▶ データ分析処理や新たなソフトウェアでの開発の難しさ

従来型の業務システムではなかなか経験することのない、データ分析の処理は誰が設計や開発をしても難しいものです。また、未経験のツールを組み合わせる作業も容易ではありません。当初から必須の機能に絞って、ソフトウェアの選定や自らの開発などに取り組む必要があります。

## プロジェクトとしての問題

プロジェクトとしての問題は実際よく発生しますが、企画段階である程度対応することができます。難しい問題には思い切った決断で対処することが重要です。

### ▶ 期間を短く・工数は低く見積もっていた

計画段階で期間や工数を過少に見積もっていると、後で帳尻を合わせるのが困難になります。PoCのときに不安を感じた場合には、思い切って期間や工数を増やす調整も必要です。

### ▶ PoC環境、開発環境の検討

PoCや性能の把握にはそれなりの環境が必要です。また、不測の事態に備えてメーカーとのリレーション構築なども検討する必要があります。貸出機、開発機、予備機など開発工程を想定した手配をあらためて確認します。クラサバシステムであっても、PCとサーバーだけを用意すれば充分というわけではないので事前の確認が必須です。

### ▶ 人材の適性

デバイスなどの設計・開発ができると思った人材が上手く機能しないといったケースです。特に各自が未経験のデバイスやクラウドサービスではよく起こることです。そのようなことがないようにPoCの工程から参画してもらって、適性を判断すべきです。なお、プロマネが勉強不足で適切な指示ができないなどの残念なケースもあるのが現状です。

## COLUMN ビッグデータ分析という言葉の罠

### ▶ ビッグデータ分析

数年くらい前からビッグデータ分析の重要性が語られています。確かにIoTシステムも含めて、処理をしたいデータ量やさまざまなデータを統合して分析するシステムが急速に増えているので、当然の流れではあります。

### ▶ 筆者のケース

筆者はここ数年、ITコンサルティングの事業をマネジメントしています。顧客企業のシステムの膨大なデータと課題を可視化したシステムから抽出できない経営や業務のデータや、その他のデータを統合して分析することがあります。ビッグデータで象徴的な**Hadoop**や**Apache Spark**を見聞きしたことから、複数社の顧客データを合わせて傾向分析などをするために、ビッグデータ分析の環境が必要と考えていました。

### ▶ 大きなミステイク

かなり時間が経っていてすでに時効と思われるので、ミスの事例として紹介します。

先ほどの傾向分析にHadoopが適しているのではないかと考えて、若手のエンジニアにHadoopの環境を構築するように依頼しました。

HadoopはOSでセットアップしたり複数の仮想環境を接続してクラスター構築をしたり、ネットワーク設計も含めて手間がかかることから相応の時間を必要とします。専任で対応できるのであれば1～2週間で完了するかもしれませんが、日常業務を持っているなかでの仕事だったため、想定した期限までに完了できませんでした。

すると、ベテランで各種の新技術に知見を有しているエンジニアから、「テラバイト級のデータ分析は必要ですか」「サーバーのスペックはHadoopに見合っていますか」「やりたいことに対してHadoopが最適ですか」などと問いかけられました。筆者はHadoopやApache Sparkは見ていたので適切と思っていました。しかし、その問いかけの後でその他の候補を同じレベルで学習していないことに気づきました。

### ▶ その他の選択肢

前提として、分析するデータ自体に非構造化データもかなり存在し、各種の項目も曖昧でした。データ量が想定に届かない可能性もあることから、以前から保有しているRDBで取り組む選択肢もありました。

曖昧な項目や階層構造などを加味すれば、オープンソースソフトのKVSの**Redis**や**Riak**、ドキュメント指向で代表的な**MongoDB**なども候補に挙がります。また、分析後のグラフ表示に重きを置くのであれば**Kibana**、テキストの分析や検索を重視するのであれば、**R**、**MeCab**、**Janome**、**Sphinx**、**Elasticsearch**なども候補になります。さらに、RDB自体も**MySQL**や**PostgreSQL**などのようなオープンソースでとりあえず試してみるという考え方もあります。

これらはもちろんベテランのアドバイスを得て理解したことです。

### ▶ 依頼の修正

結局のところ、有識者の意見も交えて依頼を修正しました。結論としては軽量の仮想化基盤の**Docker**の上にElasticsearchとKibanaのコンテナを載せる環境を構築することを選択して、Hadoopは断念しました。

優秀な人材の数週間を奪ってしまったのですが、この例のようにプロマネのミステイクは最小限にとどめないと影響は計り知れません。筆者もプロマネのベテランであることを自負していますが、勉強不足によるミスはこのような形で表面化します。

ビッグデータ分析は一例ですが、言葉にとらわれずにやりたいことは何か、やりたいことの特徴、現状と近い将来のシステムの規模を検討し、まずはスモールスタートで進めてください。

Chapter 9

# PoCの留意点

本章では、システム企画の工程で重要なステップとなる
PoCについて解説します。
同じようなシステムを経験していれば別ですが、
IoTでは初めて触れるデバイスやシステムである場合もあります。
従来型の業務システムと比較すると
そのようなことが多いかもしれません。
そのときにどのようにPoCを進めていくか、
事前に理解していることでスムーズにいくでしょう。

IoT System

# 9.1 PoCで押さえること

**さまざまなデバイスが活用され、サーバー側で新たな処理もあることから、IoTシステムではPoCを実施することがよくあります。PoCでは確実に押さえておかないといけないポイントがあります。これまでも解説してきましたが再確認しておきます。**

## PoCの目的

PoCの目的を端的にあらわすと、**やりたいことが実現できるかどうかの確認と実証**です。結果として実現できないケースもありますが、それを許容しつつ実現できる手段を見つけるのもPoCの醍醐味です。システム企画の初動では、「おそらくこのようなしくみで実現できるだろう」という予想から詳細に入っていきます。以前に経験したシステムとほぼ同様でない限りは、誰もが憶測や想定に頼ることしかできず、自信を持って「できる」と言うことはできません。

## なぜ「おそらく」なのか？

プロジェクトを推進する立場として、憶測や想定になるのには次の理由が挙げられます。

### (1) 利用するデバイスやその他の技術が把握できていない

これはIoTシステムでは実際によくあることですが、候補となるデバイスなどを事前に学習することで回避できます。

### （2）利用シーンを実際に見ていない

企画者や開発者がその業務や新たなビジネスの直接の担当者でなければ当然のことです。利用シーンで、あるいはそれらを想定して検証するのはPoCの本質です。

### （3）ユーザーの要求が不明確

もしこれが断定できない理由になっているとすれば、プロジェクトの立ち上げに問題があります。しかしながら、PoCの結果を見てから要求仕様を定めることも現実にはあります。処理能力などの要求であればよくあることですが、ユーザーがそもそも何をしたいかわからないという状況であれば、PoCを行うこと自体も見直すほうがよいかもしれません。

### （4）業務そのものがわからない

詳細までをつかみ切る必要はありませんが、最低限のレベルでよいので業務に関して企画の初動で把握しておくべきです。企画者やプロマネとしてはあってはならないことです。

### （5）アイデアへのヒント

PoCを経験して、実現可能なことの凄みを実感してから企画の初動に戻るという方法もあります。上記の（1）～（4）とは考え方そのものが異なります。新たなサービスやビジネスを企画するケースでは、このような意味合いでPoCを実施することもあります。

PoCらしさでは（2）が該当します。しかしながら、いずれの状況下であっても重要なのは、システムが利用シーンにおいて想定どおりまたは想定に近い使い方ができるか、そして要求を満たす性能が発揮できるかどうかです。

## PoCで実証したいこと

PoCではやりたいことが実現できるか（図9-1①)、実現できるとして要求を満たすか（②）の順で実証を進めていきます。簡単な例で示すと次のとおりです。

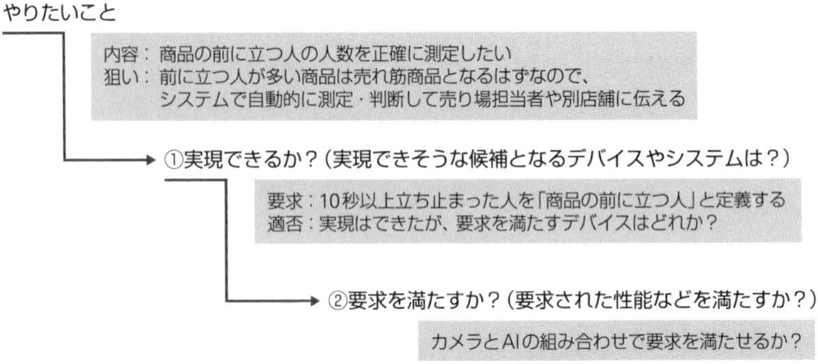

やりたいこと

内容：商品の前に立つ人の人数を正確に測定したい
狙い：前に立つ人が多い商品は売れ筋商品となるはずなので、
　　　システムで自動的に測定・判断して売り場担当者や別店舗に伝える

①実現できるか？（実現できそうな候補となるデバイスやシステムは？）

要求：10秒以上立ち止まった人を「商品の前に立つ人」と定義する
適否：実現はできたが、要求を満たすデバイスはどれか？

②要求を満たすか？（要求された性能などを満たすか？）

カメラとAIの組み合わせで要求を満たせるか？

◆図9-1　PoCでの思考と実証の例

この例でいえば、①の検証では、例えばカメラのほかに人感センサーや赤外線、無線デバイスによる通信の遮断時間の測定など、さまざまな選択肢が考えられます。

## 性能と並ぶ重要な項目

要求に対する性能は最も重要なポイントです。なお、性能のほかにもPoCで気をつけて見ておきたいポイントがあります。

- **そのシステムは本当に必要か、現行のままで改善を施すなど別の手段はないか**
- **実際にシステム全体として稼働できるか（ユーザーの業務、環境、開発、メンテナンス、投資対効果）**

　これらの視点はPoCの現場だけを見ていると気づかないかもしれませんが、システムならびに企画そのものを一層現実的にするという意味では不可欠な思考です。PoCというと実現性と性能の検証に重点を置いてしまって、そのほかの視点を忘れてしまうこともありますが、システム企画工程の中核に位置する機能としてとらえると、企画の修正の最後の砦でもあります。PoCを広い視野でとらえたマネジメントを心がけてください。

## 9.2 PoCのポイントとスケジュール

PoCのスケジュールはできるだけ余裕を持って進めたいところですが、あまり長くなるとシステム企画工程自体も長くなってしまいます。効率的なPoCを心がけますが、もちろんその前に候補となるデバイスなどの学習が終了している必要があります。

### PoCと学習を一緒にしてはならない

稀なケースですが、PoCの場で学習をしながら進めている企業の方々を見たことがあります。当然のことながら、PoCのスケジュール管理も不適切で結果自体もよいものにはなりません。残念なことに「PoCのためのPoC」となってしまい、何度も現場に足を運ぶこともあり得ます。

PoCは関連する技術を確認した上で、現場や現場に近い利用シーンや環境において検証するのが目的です。学習せずにPoCに臨むとユーザーからの信頼を失うこともあるので、絶対に避けなければなりません。

### PoCで検証される項目の例

PoCで検討する項目は、大きな意味では9.1節で解説したように、イメージどおりの実現ができるかどうかと、要求を満たすかどうかです。それらは当然のこととして、IoTシステムのPoCの現場での検証項目でよくあるものとしては次のポイントが挙げられます。

- デバイスでのデータ取得の可否
- デバイスの設置場所、電源、保守スペースの確認
- 対象とデバイスの位置関係の確認
- センサー、ゲートウェイ、エッジの接続可否、データ送受信
- デバイスからサーバーやクラウドとの接続可否、データ送受信
- 別の装置やシステムとの連携の可否
- 業務の要求事項に対しての評価
- 開発工程でのテスト項目の洗い出し
- 本番に向けた留意点の洗い出し
- 運用自体の可否

上記のすべてを検証するときもあれば、一部となることもあります。もちろんそれぞれにおいて可否だけでなく性能を測定することはいうまでもありません。これらは手順書のなかで漏れなく記載します。

## PoCのスケジュール

PoCは見た目にはごく短期に感じられます。理由としては、現場の関係者を拘束する時間や業務を止める時間をできるだけ抑えたいからです。したがって、現場でのPoCは、1日や長くても1週間などになります。

しかしながら、現実には前工程としてのPoCの準備作業、後工程としてのPoCの分析と評価があります。一連の流れを可視化してみます。

| 小規模なPoCの例 | | 第1週 | | | | | 第2週 | | | | |
|---|---|---|---|---|---|---|---|---|---|---|---|
| Step1 | 準備作業 | ■ | ■ | ■ | | | | | | | |
| Step2 | 現場でのPoC | | | | ■ | ■ | | | | | |
| Step3 | 分析と評価 | | | | | | ■ | ■ | ■ | | |

**◆図9-2 PoCのスケジュール例**

図9-2はデバイスの種類が少ないなどの小規模なPoCの例です。現場でのPoCは1日として、予備日も入れて2日としています。必ず予備日や予備の時間帯を提案しておくことで不測の事態にも対処できます。

## 準備作業の内容

準備作業では以下などをあらかじめ整理しておきます。ドキュメントの体裁にはこだわらずに必要な作業を満たすようにします。

- 測定する内容
- 記録するシートやアプリケーションの準備
- 測定する際の手順
- 手順書やチェックリストの作成
- 成功、失敗の判断基準
- 必要な機器の準備
- 担当者の役割の確認
- イレギュラーな状況での対応策の立案

現場でのPoCは、現地で「予定どおり作業すればよいだけ」にします。つまり、**検証する人材のスキルの程度に関係なく同じような作業ができる**ように留意します。もちろんスキルの高い人が現場でPoCに携わって、本番に向けてのノウハウを得ることが望ましいのですが、PoCの準備はこのような基準で進めるということです。

## 準備作業が決め手

上記のように準備をしっかりと行って進めていくプロジェクトと行き当たりばったりで進めるプロジェクトでは、異なる結果が出ることは明白です。このようなやり方を勧める理由には、国内だけでなく海外で

PoCを実施した経験、海外の現地の担当者にリモートで依頼して実施した筆者自身の経験からです。PoCは準備作業で決まるといっても過言ではありません。

さらにいえば、さまざまなプロジェクトに関わってきた経験上、PoCの準備・実施・分析と評価の一連の流れが的確にマネジメントされているプロジェクトは、その後の本番のシステム構築においても良好な結果を出していると感じています。

PoCに対して漏れのない準備ができて、適切にマネジメントができるプロマネが、プロジェクト全体の成否を決めているのです。

## 現場でのPoC

例えば、店舗内などで温度センサーから1分に1回温度データを取得して送信するという簡単なシステムであっても、現地で実際に検証してみないと安心はできません。物理的な設置、電源、動作環境、ほかの機器との関係、ネットワークを通じてのデータ送信など、机上で確認できないことが多数あります。無線デバイスで比較的簡単なRFIDでも設置に際しては同様ですが、さらに現場の電波状況の確認が加わります。

デバイスやネットワーク、あるいはサーバーやクラウドの構成などで確認する項目は異なりますが、手順書の項目に従って作業を進めます。なお、通常の利用で特に問題がない場合でも、余力があれば、性能の観点で機能しなくなる分界点も確認してください。

## 分析と評価

現場でのPoCに加えてあらためて分析と評価をします。簡単なレポートを作成することで、その後の工程にも活かすことができます。すべてが想定どおりにいったとしても、気づきがあれば必ず書き留めてください。7.1節で解説した**素の性能**と**現場の性能**を比較分析することも重要です。

　また、PoCの結果が思わしくない場合には、デバイスやネットワーク、あるいはクラウドサービスなどの変更を検討しなければならないケースもあります。そのような難しい選択を迫られることもあれば、単純にメーカーやサービス事業者、あるいはこちら側のミスによることもありますが、いずれも精緻な作業と評価ができてこその判断です。システムの各ブロックの候補を変更する可能性もあることにも留意して進めてください。

　繰り返しになりますが、PoCは現場での検証が中心ではあるものの、前後の作業も含めた一連の工程であること、さらに開発にも貢献できる工程であることを忘れないようにしてください。

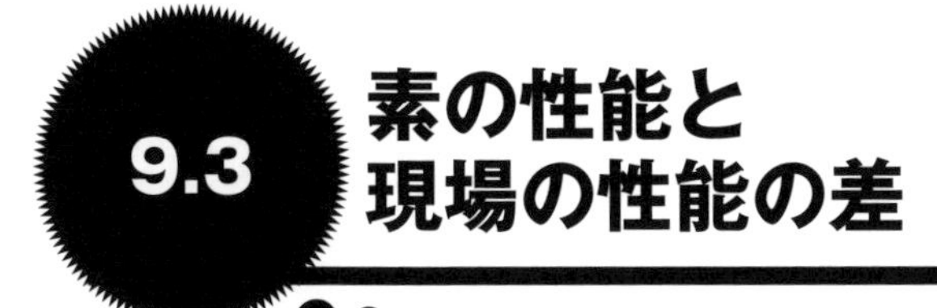

# 9.3 素の性能と現場の性能の差

7.1節で、デバイスなどの素の性能をとらえることの重要性を解説しました。PoCの分析と評価の工程の一環として、実際の現場で性能を検証するとさまざまな気づきがあります。

## 無線デバイスの性能の減衰

無線デバイスであれば多くの場合、**現場での性能**は**素の性能**よりも低くなります。電波の吸収や反射などにもよりますが、重要なのはどれくらい減衰しているかを具体的な通信距離や率で把握することです。この経験は、別の拠点に展開していくときなどに大きく役立ちます。何回か経験すると、現場を見ただけでどれくらい減衰するかがわかるようになります。

## レイテンシーでも違いがある

本書では、デバイスでのデータ取得ならびに確認の時間をレスポンスタイム、データ取得からサーバーまでの到達ならびに確認をレイテンシーと定義しました。このレイテンシーも、ネットワーク事業者のバックボーンの設備の違い、インターネットへの接続状況、そもそものエリアの違いなどで異なることがあります。複数の現場でPoCをしないとわからないことですが、システム全体の性能に関わる場合があるので留意すべき点です。状況によっては、低い性能に合わせた基本設計をする必要があります。

# 9.4 PoCはテスト工程に続く

**PoCは基本的には実際の現場で検証をすることから、開発のテスト工程につなげることができます。検証項目とテスト工程の関連を想像しながら実行すると開発工程にも貢献します。**

## テスト工程との関係

PoCでは、デバイスでデータを取得できるかは必ず確認します。PoCの時点では対象業務に対するプログラムはできあがっていない状態で、あくまで性能を中心とした検証となります。ただ、プログラムの有無という違いを除けば、開発工程における**プログラム単体テスト（PT）**と見かけ上は同じです。

また、デバイスで取得したデータをクラウドやサーバーに送信する検証は、業務アプリケーションこそ搭載されていませんが、**結合テスト（IT）**や**システムテスト（ST）**にも近い活動です。さらに、デバイスをどこに設置して電源をどのようにして確保するか、人や業務とどう関わるかなどは、**運用テスト（OT）**でも再度確認します。

| テスト工程 | 検証項目 |
|---|---|
| PT | • デバイスでのデータの取得の可否、設置位置、ノイズの除去<br>• センサー、ゲートウェイ、エッジの接続可否、データ送受信 |
| IT/ST | • デバイスからサーバーやクラウドとの接続可否、データ送受信<br>• 別の装置やシステムとの連携の可否 |
| OT | • デバイスの設置場所、電源の再確認<br>• 対象とデバイスの位置関係の再確認<br>• 業務の要求事項に対しての評価 |

◆図9-3　各テスト工程での検証項目の例

　各テスト工程でも、アプリケーションの実装の有無を別とすれば必ず同じことを行います。このような視点で見ていくと、全体の工程におけるPoCのさらなる重要性が理解できるかと思います。そしてPoCを緻密に遂行するプロマネが開発工程全体をいかに巧みに取り仕切ることができるかも容易に想像できるでしょう。これらはすべて準備作業に集約されるのです。

## 3つの性能の差

　PoCで現場の環境に触れることで、事務所などで測定した素の性能と現場での性能の差は理解できるはずです。テスト工程がPoCと違うのは、本番用のプログラムが実装されてデータ量やプログラムそのものが大きくなることですが、それによってデバイスやシステム全体の性能が減衰することもあります。これはPoCと業務での性能の差です。

　より正確な言い方をすれば、素の性能と現場の性能、さらに「**業務での性能**」の3つの性能の差分をつかむことが、IoTシステムに携わるエンジニアにとって絶対的な条件となります。

# 9.5 他社と共同でPoCを行う際の留意点

オープンイノベーションなどと呼ばれているように、他社と共同で新ビジネスを検討する活動も増えています。新ビジネスの実現に向けて共同でPoCを行うこともあります。システム企画と少し離れますが、留意点を見ておきます。

## 契約書を交わしているか

他社と検討を進めるときに、以前から知っている方などであれば検討の内容自体は着々と進んでいくかもしれません。そんなときにも気をつけたいのは**契約書**です。

最近は**NDA（Non-Disclosure Agreement、秘密保持契約）**も一般に通じる言葉となっています。まずはNDAを結んでいるかどうかです。NDAは通常は社外の人には教えない秘密としている情報を保護するために結ぶ契約です。

新ビジネスを検討しているときに、「秘密にしておいてください」と依頼した内容を別の企業に漏らされたりしては大変なことになります。PoCの前に必ずNDAを締結するようにします。勢いだけで共同プロジェクトを前に進めないことです。

## 提携交渉のステップ

企業と企業が提携をして事業など何かを一緒に行うときは、具体的な活動の裏にそれらを支える契約があります。共同でPoCを進めるということは、共通の目標に向かって進めるので、できる限り活動の背景と内容を明文化します。契約の流れと用語を図9-4にまとめています。

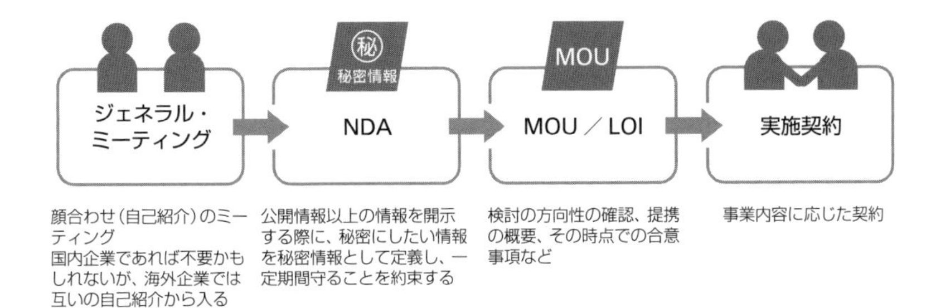


**◆図9-4　提携交渉のステップ**

日本の企業同士では、ジェネラル・ミーティングは省略されることが多いです。NDA以降は、国内でも海外でも同様のステップで進めます。一緒にPoCを実施するということであれば、NDAから一歩進め、基本同意書や覚書などを意味する**MOU（Memorandum of Understanding）**や**LOI（Letter of Intent）**で検討の方向性を定義して双方で共有して進めるのが理想形です。

何を目的としてPoCを共同で実施するのか、そこで生まれてきたアイデアに対する権利や知的財産権の考え方など、後で揉めることがないように事前に討議して明文化します。新ビジネスに関わるIoTシステムの企画者であれば、図9-4は確実に押さえておいてほしいステップです。

提携交渉ならびに提携による活動の成否は、契約書でいえばNDAやMOUの交渉の巧拙で決まることが多いので、自社において重要度が高いビジネスであれば経営企画や法務部門などの専門家と連携してあたるようにしてください。

Chapter 10

# IoT システム事例

本章ではIoTシステムの事例として、
マイコンによるデバイス開発と農業のIoTシステムを取り上げます。
いずれも基本的なケースですが、具体的な事例を見ることで、
プロジェクトの企画や開発に向けての参考としてください。
後半ではドキュメント作成の例も紹介しています。

IoT System

# 10.1 Raspberry Piでの開発の例

**本節ではRaspberry PiにAIを実装して、撮影した画像データの判別をしてから送信するケースを解説します。プログラミング設計をもとに開発を進めていきますが、GitHubやOpenCVなどを活用することで、開発工数と時間は劇的に効率化できます。**

## Raspberry Piとは？

**Raspberry Pi**とは、英国のラズベリーパイ財団が開発している、Linuxディストリビューションを利用できるマイコンのことです。省略して**ラズパイ**と呼ぶ方もいます。ネット通販やPC関連の量販店、電子部品専門店などで購入することができます。Linuxに触れたことのある方であれば、環境設定や開発をスムーズに行うことができるのが特徴です。

また、さまざまな資料やソースコードのサンプルなどがWebや書籍、雑誌などで提供されているので、そのとおりに入力していけばLinuxの知識がなくても大きな問題はないでしょう。後ほど写真を見てもらいますが、Raspberry Piにモニターとキーボードを接続すると、超小型のLinuxのPCになるので驚きです。

本節では正規代理店から購入したStarter Kitをもとに解説します。このStarter KitにはWi-FiとBLEを搭載したRaspberry Pi ZERO WH本体とUSB電源、OS書込済みのmicroSDが付属されています。RasPiマークの入った公式ケースが添付されていることに魅力を感じる人もいるでしょう。

## Raspberry Piでやりたいこと

この例では、Raspberry Piとカメラモジュール、さらにオープンソースのAIを活用して、Raspberry Piに接続されているカメラが撮影した画像で人が認識できたら、画像データやアラートなどを上げてくるシステムとしています。主な登場人物は以下のとおりです。

- Raspberry Pi（マイコン、Linux OSほかを内蔵）
- カメラモジュール（デジタルカメラ）
- 人の画像を認識するAI（オープンソースからダウンロード）
- それらを動作させるプログラム

実際の利用シーンとしては、医師が診察室にいる、企業や団体の役員などが自席にいる（PCが動作していることで確認するという方法もありますが、自席にいること＝PC操作ではない、資料に目を通すなどほかの仕事をしていることもある）などのほか、画像の対象は変わりますが、車が所定の駐車位置にある（帰ってきているから使える）などが考えられます。

## Raspberry Piの作業環境

Starter KitにはLinuxベースのディストリビューションの１つである**Debian**をもとにしたOSである、**Raspbian**がSDカードにすでに書き込まれています。開発者はモニターやUSBキーボードを接続すれば設定作業を進められる状態になっています。

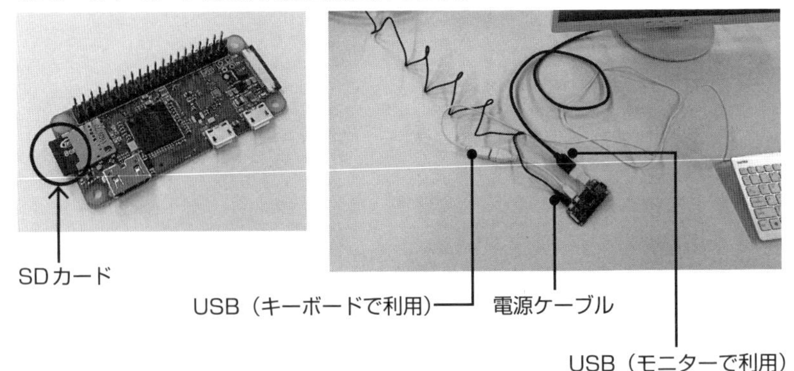


**◆図10-1　Raspberry Pi Starter Kitの本体と、モニターなどに接続した画像**

本製品は小型版なのでCPUやメモリは小さいですが、IoTデバイスとして使うならこれで充分です。

OSのインストールを終えたら、設定画面で**SSH**（**Secure Shell**、ほかの端末から安全に接続できる機能）などをRaspberry Piの設定で有効にしておきます。

Wi-Fi端子を利用してインターネットへの接続もできます。ネット接続をしてOSならびにファームをアップデートしてセキュリティパッチをあて、ソフトウェアを最新の状態にします。

ここまでは基本的な環境構築作業で、この後はこの事例のシステム専用の作業です。まず、カメラが動作するようにOSのライブラリからカメラモジュールのインストール（Windows PCでのドライバのインストールと同様）と動作確認をします。もちろんUSB接続のWebカメラを利用する方法もありますが、PoCでやりたいことができるかできないかを判断したり、作業手順や工数などを把握したりするのであれば、2,000円前後のカメラモジュールで充分に用が足ります。そのため、カメラモジュール自体もSONYでなくKumanを使っています。

## AI環境ならびに開発環境の構築

今回の開発では、言語はPythonを利用します。Raspberry Piにインストールされているpythonのバージョンの確認をします。今回の場合はバージョンは2.7.xでしたが、各種ライブラリが多く提供されている2か、最新環境の3かは悩ましいところだったものの、そのまま2.7.xでいくことにしました。Pythonのバージョンによってこの後ダウンロードするOpenCVのライブラリなども変わってきます。

AIについては、ソフトウェア開発のソースコード管理サービスとして知られている**GitHub（ギットハブ）**で公開されている、人間の顔を認識するOpenCV（http://opencv.jp/）のサンプルデータを利用します。

GitHubは世界中のソフト開発者が作成したアプリのソースコードを公開する場です。公開することでより多くの開発者の知見を取り入れてさらによくしていく場になっています。

利用するサンプルは、**カスケード型分類器**と呼ばれていますが、顔の向きやパーツごとに分かれています。例えば、以下のコマンドを入力します。

```
$ sudo apt-get install python-opencv
```

管理者権限でapt-getコマンドを利用してRaspbianのパッケージ管理システムである**APT（Advanced Package Tool）**ライブラリにpython-opencvをインストールします (OpenCV2.2 Python リファレンスhttp://opencv.jp/opencv-2svn/py/)。

この時点では学習がされていないので、さらに学習済みのライブラリを以下から入手します。

URL https://github.com/opencv/opencv

## プログラムの動作

プログラムの動作の概要は、**カメラの動作**、**AIライブラリによる顔の検出**、**画像ファイルの取り扱い**から構成されますが、具体的には以下のとおりです。

- カメラを初期化する
- カメラから映像を取得する
- 顔検出のための学習データを読み込む
- 顔検出をする
- 検出ができたら顔を赤枠で囲む
- 所定の場所に保存する

## サンプルコードの例

上記の設計にもとづいたサンプルコードは以下のとおりです。

```
# -*- coding: utf-8 -*-
import picamera
import picamera.array
import cv2

#【ここから・カメラ準備】最初にカメラを初期化します
with picamera.PiCamera() as camera:
  # 次に、リアルタイムで画像を取得できるようにします
  with picamera.array.PiRGBArray(camera) as stream:
    #【ここまで・カメラ準備】最後に、解像度の設定をします
    camera.resolution = (512, 364)

    while True:
      #【ここから・AI関連】準備・OpenCVに合わせて色の並びをBGRの順にし
ます
      camera.capture(stream, 'bgr', use_video_port=True)
      # 準備・検出を効率的に実行するために画像を白黒にします
      gray_image = cv2.cvtColor(stream.array, cv2.COLOR_BGR2GRAY)
```

```
    # 実行・顔を検出するために学習データを読み込みます
    cascade = cv2.CascadeClassifier('./haarcascades/haarcascade_
frontalface_default.xml')
    # 実行・まさに顔の検出を実行します
    face = cascade.detectMultiScale(gray_image, scaleFactor=1.2,
minNeighbors=2, minSize=(100, 100))

    # 結果OKのとき・顔が検出できた場合には◆OKでないと以降何もしません
    If len(face) > 0:
      # 結果OKのとき・顔にあたる部分を赤い色の枠で囲んで表示します
      frame_color = (0, 0, 255)
      frame_width = 2
      for (x, y, w, h) in face:
        cv2.rectangle(stream.array, (x, y), (x+y, y+h), frame_color, thickness=
frame_width)

    # 結果OKのとき・その画像を保存します◆実際には送信先のパスやIPアド
レスなどを指定します
    cv2.imwrite('face_picture.jpg', stream.array)
    #【ここまで・AI関連】結果OKのとき・画面上に画像の表示をします
◆モニターを使わない場合は不要な処理です
    cv2.imshow('Picture', stream.array)

    #【カメラ後処理】映像を破棄します
    stream.seek(0)
    stream.truncate()

    #【予備の処理】念のため何かキーが押されたかどうか1ミリ秒待ちます
◆デバッグ用で残しています
    if cv2.waitkey(1) > 0:
      break

  #【終了】画面を閉じます◆モニターを使わない場合は不要な処理です
  cv2.destroyAllWindows()
```

◆図10-2　サンプルコード

## 物理的な実装の例

物理的な実装としては、Raspberry Piとカメラモジュールを撮影したい人の近くに置きます。

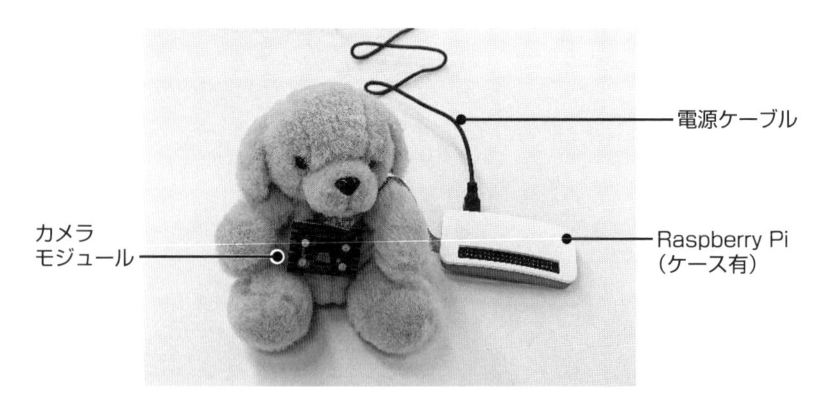


◆図10-3　カメラモジュールとRaspberry Piの実装ならびに設置の例

モニターで確認をしない運用であれば、図10-3のようなかわいらしい構成になります。

この例では犬のぬいぐるみにカメラを載せていますが、近年はカメラによる圧迫感などを避けるためにさまざまな工夫がされています。パソコンのモニターの上に設置するのが画角としては最適ですが、何か常に監視されているみたいなので、ぬいぐるみに持たせたほうがよいかもしれません。

## 作業工数の目安

LinuxならびにPythonを知っていて、OpenCVを利用したことのある方であれば、約2～3時間で作業は終了します。初めての方であっても、システムに関して多少知識がある方であれば、ネットでさまざまなエンジニアの方が提供してくれているノウハウ集が公開されているので、製品を開封してから丸1日くらいでできあがるでしょう。もちろんRaspberry Piなどの手配や事前の学習は済んでいるという前提です。

## デバイス側で処理する傾向

本節ではカメラで何かを認識するというケースですが、エッジでファイルの選定をするのではなく、デバイス（カメラ）側にAIを入れることで、デバイスでデータの選定を完了して送信するしくみとしています。このような設計をすることで、エッジやネットワーク、さらにはサーバーの負荷を減らし、あるいはエッジの存在そのものをなくして、IoTシステム全体をシンプルにすることができます。

エッジからデバイス側に処理が移行される動きは今後も進んでいくでしょう。

## 現在のIoTやAIシステムの開発

もう1つ本節で見ておきたいのは、オープンソースを使用することで、ソフトウェア開発のスピードとコスト負担が飛躍的に向上したということです。特にIoTやAIなどはこれらの恩恵を大きく受けています。

本件のような一般的な例であれば、「Qiita」などのクリエイター向けのサイトでソースコードの詳細なども紹介されています。つまり、そのような情報を「探して使える能力」が「コードを書く能力」を凌駕する時代となりつつあるのです。開発自体がやりやすくなってくると、専門メーカーが行っていた領域を自ら手がける時代に入っていくのかもしれません。

システムの企画者やプロマネがライブラリの詳細やコードの書き方を知っておく必要はありませんが、本節のような手順と現在地を理解しておいてください。そうでないと、このような仕事に向いている人材とそうでない人材の見極めすらできなくなります。

# 10.2 農業における IoTシステムの例

本節では、農業分野におけるIoTシステムの事例を紹介します。農業では温度や湿度、日射、風向など、小学校や中学校の理科の授業を彷彿(ほうふつ)とさせるようなセンサーを使います。多数のセンサーに加え、サーバー側でのさまざまなデータ分析、さらに装置の制御、気象データなども合わせたビッグデータ分析もあることから、IoTの基本的な要素がすべて揃ったシステムです。やりたいことを実現するためにすべきこと、さらにIoTシステムだからこそできることなど、あるシステムの全体の構成や機能の例を見ながら、ご自身のプロジェクトで活かしてください。

## システム化の目的

農業では売上を拡大するために必要なこととして、第一に生産性の向上が挙げられます。市場価格の変動を除けば、有限の農場の敷地で高い生産性を実現すればそれだけの売上を得ることができます。生産性向上のためには、環境の制御、植物の状態管理、そして人材育成などの施策がありますが、いずれもIT化でかなりの貢献が可能です。

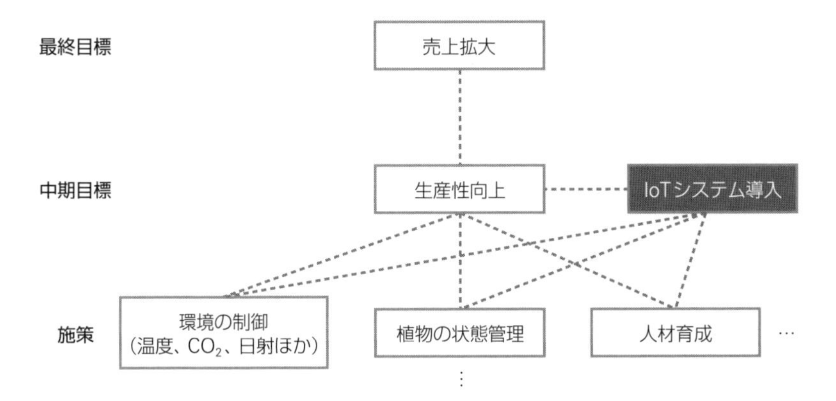


◆図10-4　目標・施策ツリー：農業IoTシステムの例

第一次産業は全体として優秀なベテランの知見に支えられてきました。ITの導入によってその知見を見える化することで共有し、さまざまなデータで裏付けることができるので、要件に適したIT化が可能なのであればかなり有効です。

## IoTシステムならではの貢献

ITを導入するだけでも貢献が可能ですが、IoTシステムを導入する意義を整理します。農業では種まきや苗の植え付けから収穫までを「1作」と表現することもあります。IoTシステムのセンサーがさまざまなデータを取得し、1作を振り返ってそれらのデータと成功や失敗の因果関係を見出すことで、生産性を向上させていくことが可能になります。

図10-5は、あるハウス栽培の果物の2作分（2年間）の収穫量と温度の関係をあらわしたものです。

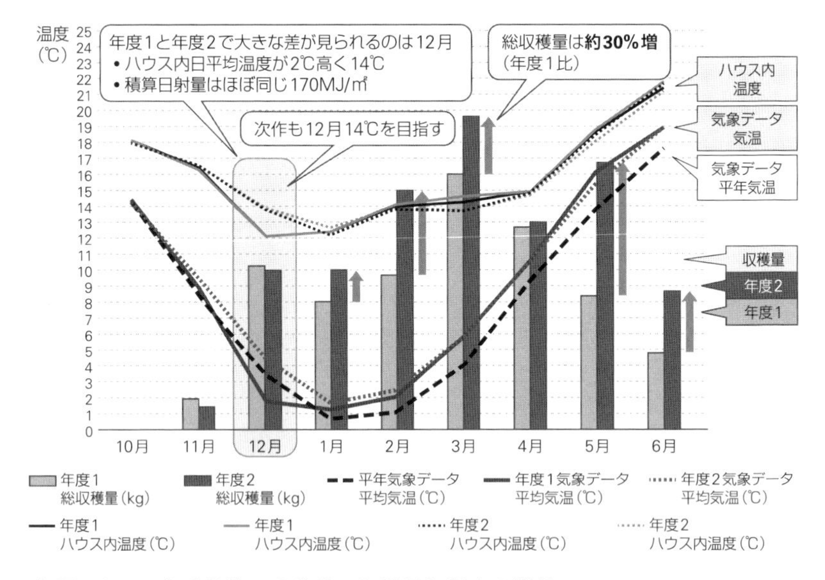


**◆図10-5　ある作物の2作分の収穫量と温度の関係**

現場では微妙な温度の上下動で収穫量が変わることがわかっています。何度が最適なのかデータと突き合わせすることで確認できます。もちろん、現実には温度以外にも湿度や$CO_2$などさまざまな要素があるので、植物成長のタイミングとそれらとの組み合わせで最適な値や手順を見出すのです。

IoTシステムではデバイスが個々の細かいデータを取得しますが、サーバー側で持っているある種の方程式とそれらのデータを比較することで、人間が感覚でやっていたことを再現し、さらに上を目指すこともできるようになります。

## システム概要をつかむ

まずシステムのイメージ図から見ておきます。ビニールハウスの内外に各種のセンサーがあります。センサーはネットワークを経由してクラウド上にデータを上げます。クラウドは各種の装置に制御設定情報を送ることで、換気扇を回す、窓を開けるなど、従来は人間がやっていた動作も自動的に実行します。

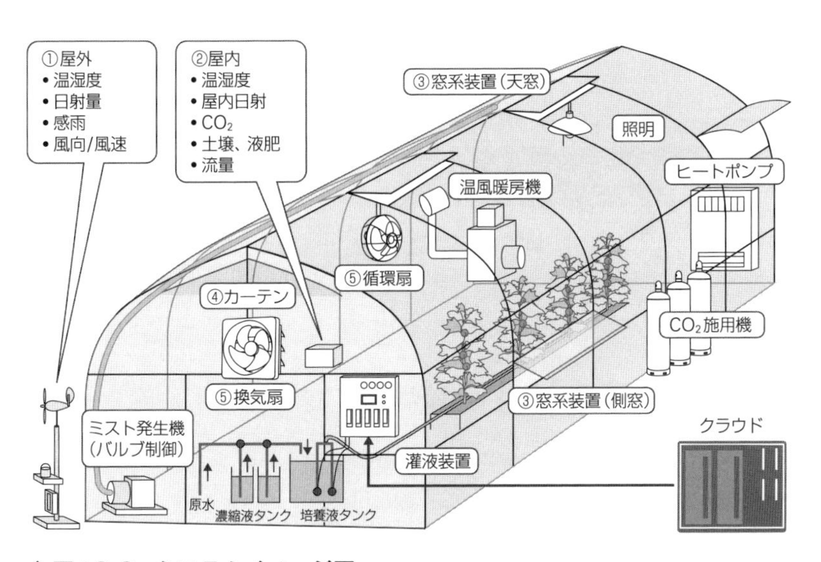


◆図10-6　システムイメージ図

クラウド上では装置の制御だけでなく、データの分析も実行します。

## 各センサーの種類と役割

それぞれのセンサーと装置の役割も見ておきます。温湿度センサーなどが存在するというのはすぐにわかりますが、光合成の状況を見るための$CO_2$センサーなどもあります。

**<環境計測>**

| | 設置場所 | 名称 | 計測項目 | データ取得間隔 | データ送信間隔 | データ例 |
|---|---|---|---|---|---|---|
| ① | 屋外 | 屋外気象センサー | 温度、湿度、日射量、感雨、風向、風速 | 1分～ | 5分～ | <?xml version="1.0"?><br><UECS><br><DATA type="inAirTemp" room="1" region="1" order="0" priority="15"><br>23.5</DATA><br></UECS> |
| ② | 屋内 | 温湿度センサー | 温度、湿度 | | | |
| | | 日射センサー | 日射量 | | | |
| | | $CO_2$センサー | $CO_2$ | | | |
| | | 土壌・液肥センサー | 温度、土壌含水率、EC値 | | | |
| | | 流量センサー | 液肥流量 | | | |

**<機器制御>**

| | 設置場所 | 名称 | 概要 | データ例 |
|---|---|---|---|---|
| ③ | 屋内 | 窓系装置（天窓、側窓） | 換気による温湿度調整 | <?xml version=" 1.0" ?><br><UECS><br><DATA type="OpenRfVn" room="1" region="2" order="1" priority="15"><br>100</DATA><br></UECS> |
| ④ | | カーテン系機器 | 遮光、温度調整（保温） | |
| ⑤ | | 換気扇・循環扇 | 換気による温湿度調整、空気循環 | |

※丸数字は図10-6に対応

**◆図10-7　センサーと制御装置の種類と目的**

図10-7のように6種類のセンサーが実装されています。「環境計測」のデータ例では、温湿度センサーから送られてくるデータは23.5℃を示しています。「機器制御」のデータ例は天窓を100%開く制御をあらわしています。

「room」はいくつか並んでいるハウスの集合体の番号で、例えば5つ並んでいるハウスの集合体が4つで計20ハウスあるなかの1番目の集合体を指し、「region」は5つあるハウスのなかの2番目、「order」はそのハウスの天窓の1番目を意味しています。簡単な言葉で制御装置の場所を示しています。

いずれもXMLの形式ですが、これらのデータ形式やコマンドは施設園芸（ハウス栽培）のために標準化された「**ユビキタス環境情報システム®（Ubiquitous Environment Control System）**」という規格にもとづくものです。業種や業界によって、さまざまな情報システムの規格が存在します。

規格を利用するメリットとしては、図10-7のように詳細に通信やデータ処理の形式が定められているので、自ら設計するよりはるかに早くシステムの構築ができるという点があります。さらに業界として進む方向に相乗りできること、業界内外のシステムと連携する際もスムーズに実行できることなどが挙げられます。

デメリットがあるとすれば、独自の戦略性が薄まることや、将来にわたり対象の規格を利用する企業や団体が少ないと逆に汎用性がなくなってしまうことなどです。このあたりを踏まえて規格を利用するかしないかを判断して臨みます。

## センサーが再現する細かいノウハウ

例えば、日の出直後は日射が急に増えることから、植物の光合成が活性化します。光合成によって葉の表面から水分を放出する（蒸散と呼ばれる）とともに、根から栄養を吸収しようとします。ハウス内の換気を行い温度の上昇を抑えることや、植物に過度の負担がかからないように日の出の少し前からハウス内の温度を上げるなどの機器制御により、最適な成長を促すことができます。「日が昇るときに少し窓を開ける」などの**人間の重要なノウハウを、センサーを利用することで、再現性のある行動に転化できる**わけです。さらに地域の詳細な気象データと合わせて分析することで、1作における最適な対応を実現することができます。

本事例で気象データは専門の企業と契約して購入していますが、そこまでの厳密さを要求しないのであれば、気象庁の「過去の気象データ検索」などからデータを取り込んで分析する方法もあります。

## ハウス内でカメラを使わない理由

ハウス内でカメラを使わないのはどうしてかと思われる方もいらっしゃるかもしれません。カメラで成育状況をリモートで見るという取り組み自体は始まっていますが、人間とカメラの見ているポイントの違いとして、画角の大きさと細かさがあります。カメラであれば数Kの高精度かつ広角でないと、栽培技術者の視線と同じレベルにならないのです。

とはいえ、1カ所に複数台のカメラを設置する、AIを利用するなどのさまざまな取り組みが進められているので、工場や店舗などと同様にカメラが農場のデバイスの主役になる日もそう遠くないでしょう。

## クラウド側での管理

センサーから送られたデータは、クラウド上では図10-8のような画面で管理されています。

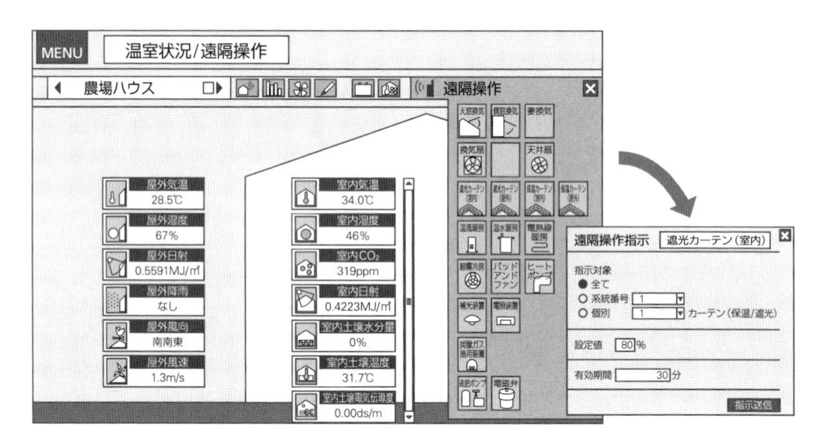


◆**図10-8　数値の把握と機器のリモートコントロール**

クラウド側では1つのハウスだけでなく、複数のハウスの状態を比較して見ることができます。サービスとしてほかの農場にも利用してもらうのであれば別のエリアのハウス、さらには別の作物の状況も統合して管理できるので、マクロの視点でのノウハウの標準化にもつながります。

## 装置の制御とシステム構成

例えば、温度が基準値に至ったので窓を開ける、換気扇を回す、といった各種装置の制御について触れておきます。先ほどコマンドでの制御は解説しましたが、センサーでデータを取得して、クラウドに上げて、クラウドから環境制御BOXに命令して制御機器に信号を送っています。ハウス側の制御にフォーカスしたシステム構成は、図10-9のとおりです。

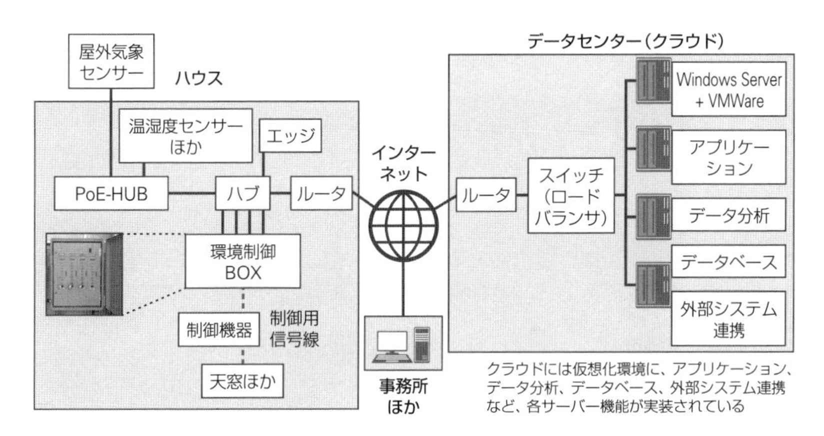


◆図10-9 装置の制御と全体のシステム構成

センサーからエッジを経由してクラウドにデータを上げています。そしてクラウド側でデータを確認してから環境制御BOXに信号を送るという比較的簡単なしくみです。クラウドのサーバーは、仮想環境下でアプリケーション、データ分析、データベース、外部システム連携の主に4つの機能から構成されています。

## アプリケーションの特徴的な機能

ここまででシステムの概要を理解できたと思いますが、続いてアプリケーションの特徴的な機能を紹介しておきます。気象などの環境が日々変化することを前提としたシステムであることに着目すると、特徴的なのは以下の処理などです。

- 閾値確認（各センサーの閾値の確認）
- 日次分析（日ごとの主要指標による分析）
- 装置制御（各装置の制御のルールならびに実行）
- 外部データ取り込み（外部の気象データなどの取り込み）
- 外部データと合わせたビッグデータ分析
- 作比較（年度ごとの収穫量ほかの比較）

## IoTシステムが農業経営を変える

農業のIoTシステムの例を見てきましたが、日々の活動やセンシングから生まれるデータ、栽培技術者が保有しているノウハウの精緻化、蓄積されたデータの分析、さらに外部データとの連携などは、生産性向上を果たすだけでなく、農業経営のIT化を実現します。

企業の経営者がシステムから上がってきた売上などの実績数値を分析して的確な判断をするように、農業でも同じようなレベルで経営判断や経営計画の立案ができるようになりつつあります。

## IoTシステムに必須の資料

IoTシステムのデバイスやシステム構成は、初めて見る方も多いです。図10-6のような**システムイメージ図**、図10-7のような**センサーや装置の一覧**、図10-9のような**システム構成図や配置図**などを作成して関係者で共有します。さらに、図10-10のような各デバイスの**仕様表**も作成して添付します。

**温湿度センサー（通風型）**

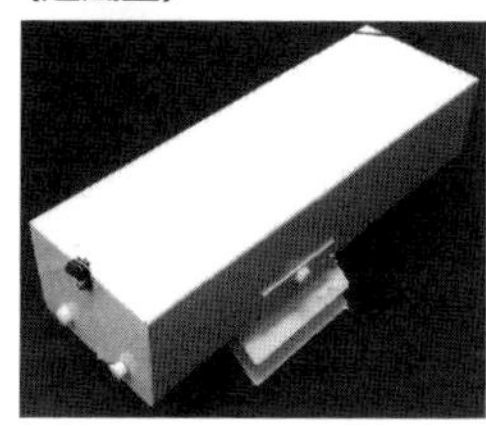

| 型式 | UECS-SNS***　※UECS通信規格対応 |
|---|---|
| 測定範囲 | 温度：-10℃～50℃、湿度：0～100%RH |
| 測定誤差 | 温度：±0.3℃、湿度：標準±1.8%RH |
| 外形寸法 | 300（W）×116（H）×120（D）mm　※突起物除く |
| 重量 | 0.9kg |
| 使用周囲温度 | -10℃～50℃ |
| ホストとの通信I/F | LAN（RJ-45） |
| 最大延長距離 | 100m（ハブ～センサー） |
| 電源 | PoE（ハブから供給） |
| 製造メーカー | ○○産業株式会社 |

**日射センサー**

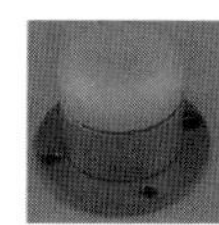

センサー本体

データコンバータ

| 型式 | UECS-SNS-2***　※UECS通信規格対応 |
|---|---|
| 測定波長 | 320～1,100nm |
| 感度ばらつき | ±15% |
| 外形寸法 | センサー本体：125（W）×165（H）×64（D）mm<br>データコンバータ：50（W）×52（H）×50（D）mm<br>※突起物除く |
| 重量 | センサー本体：0.7kg、データコンバータ：0.1kg |
| 使用周囲温度 | -10℃～50℃ |
| ホストとの通信I/F | LAN（RJ-45） |
| 最大延長距離 | ハブ～データコンバータ：100m<br>データコンバータ～センサー：1m |
| 電源 | PoE（ハブから供給） |
| 製造メーカー | ○○産業株式会社 |

**◆図10-10　デバイス仕様表の例**

図10-10のように、わかりやすく見せるために画像やイラストなどを入れて作成するのが慣例となっています。システムイメージ図や構成図にそのまま画像を入れることもあり（図10-9では環境制御BOXの画像を挿入）、デバイスを初めて見る関係者に配慮する必要があります。

なお、仕様の項目ですが、デバイスやセンサーによって特性や機能が異なることから、無理に項目を合わせる必要はありません。必要な情報が盛り込まれていて見やすければ充分です。

## ドキュメント作成を忘れずに

第5章を読まれた方は気づいたと思いますが、図10-10の例のデバイスは、動作温度が-10〜50℃なので関東以西であればおおむね問題なく利用できます。一方、-10℃を下回ることも現実にある北海道などでの利用であれば、寒冷地仕様の導入を検討する必要もあります。

電源はPoEでLANケーブルから電源供給を受けるので、ハブから100mまで延長可能であり、設置の自由度は高いです。

もちろんそのほかにも見るべき項目はあります。システムイメージ図や構成図、デバイス一覧と仕様表などの資料を作成して残しておくことで、間違いのない運用やメンテナンスが可能となります。

一般的な業務システムでも同様ですが、**初めての方にもわかりやすく見せる努力**は必要です。システム化の目的や開発の方針なども加えることができれば、当時の企画者や開発者が**何を目指して何を考えながら取り組んできたかを伝える**こともできます。プロマネとして携わる方はこれらを心がけてください。

Chapter 11

# 運用管理とセキュリティ

IoTシステムの稼働後は安定稼働を目指して、
企画や開発とは別の活動が進められていきます。
本章では運用管理とセキュリティについて解説します。
従来型の業務システムの進化した形がIoTシステムである
ととらえると、やるべきことが見えてきます。

# 11.1 稼働後の管理

IoTシステムの稼働後は、安定稼働を目的とする管理に入ります。以前は障害対応に重点を置く考え方もありましたが、現在の情報システムでは安定稼働を目指して障害を未然に防ぐ考え方が主流となりつつあります。

## 運用管理とシステム保守

システム稼働後の管理には、大きく分けて**運用管理**と**システム保守**の2つがあります。運用管理は、定型的な**運用監視**、**システムの追加・変更**、**障害対応**などで主にシステムの運用担当者が行います。一方、システム保守は**性能管理**、**レベルアップ・機能追加**、**バグ対応**、**障害対応**などで主にSEが担当します。大規模なシステムでは稼働から一定の期間、あるいは継続して安心や安定のために行われます。

| 2つの管理 | 内容 | 備考 |
|---|---|---|
| 運用管理<br>(システム運用担当者) | • 運用監視<br>• システムの追加・変更<br>• 障害対応 | 定型的、<br>マニュアル化できている業務、<br>その他 |
| システム保守<br>(SE) | • 性能管理<br>• レベルアップ、機能追加<br>• バグ対応<br>• 障害対応 | 主に非定型、<br>マニュアル化ができていない業務、<br>その他 |

※大規模システムや障害発生時の影響度合いが大きいシステムでの管理の例
小規模システムや部門に閉じたシステムであれば、運用管理のみとなることが多い
また、両方合わせて運用管理という場合もある

◆図11-1　稼働後の管理の概要

現在のIoTシステムは、携帯電話の通話を管理するようなシステムや、金融機関の入出金やATMのような大規模なシステムはまだまだ少ないのですが、新しいシステムであることやシステムの規模が拡大していくことなどから、規模は別として運用管理とシステム保守の両方で支えている場合もあります。

## 障害の影響

業務システムでも中規模以上となると、必ず事前に想定するのが障害が発生した場合の影響です。**影響分析**などとも呼ばれますが、**影響範囲**と**影響度**などを軸にして重要度を検討します。

例えば、影響範囲は**対顧客や社外**にまで及ぶ影響を最大として、自社の**全社**、自社の一部の**事業所**、**部門**、**特定の組織やユーザー**などのように分類します。一方、影響度は過去の経験や事例などから重みづけをします。

携帯電話の通信システムや大手のクラウドサービス事業者のシステム障害などは、いずれも最大の重要度となります。

| 重要度＝　影響範囲　＋　影響度 | | | 影響度 | | | |
|---|---|---|---|---|---|---|
| | | | 最大 | 大 | 中 | 小 |
| | | | 4 | 3 | 2 | 1 |
| 影響範囲 | 対顧客・社外 | 5 | 9 | 8 | 7 | 6 |
| | 全社 | 4 | 8 | 7 | 6 | 5 |
| | 事業所 | 3 | 7 | 6 | 5 | 4 |
| | 部門 | 2 | 6 | 5 | 4 | 3 |
| | 特定の組織・ユーザー | 1 | 5 | 4 | 3 | 2 |

◆図11-2　影響範囲と影響度の考え方の例

例えば、農場に温度センサーを多数設定しているケースで、ある農場のデバイスに障害が発生した場合などは、その農場だけで考えると影響範囲３（事業所）＋影響度１（小）です。ただデータ分析や販売をビジネスの柱にしているのであれば、特定の地域といえども一定期間のデータを失うので影響範囲や影響度はさらに高くなります。

つまり、システムの規模や提供しているサービスやビジネスで重要度の重みづけは異なります。システム企画の段階で精緻に整理するのは難しいことですが、必ず関係者で確認をしてください。

# 11.2 運用管理

**前節で稼働後の管理として、主に運用管理とシステム保守があることを解説しました。運用管理は業務システムとして業務を継続して支えていくのであれば必ず発生する作業です。**

## 運用管理の主要な業務

運用管理の主要な業務として以下などが挙げられます。

- **運用監視（性能管理、ヘルスチェック）**
- **システムの追加・変更**
- **障害対応**

企業などでは、システムの運用管理者が上記の業務に専門的に携わっています。ごく小規模なシステムの場合には、開発者が運用管理を兼務することもあります。

## 運用監視として行うこと

運用監視のうち、性能管理は**リソース監視**などとも呼ばれますが、システムのパフォーマンスを監視します。サーバーを例とすれば、CPUのリソースの割り当てを変更して対応します。ユーザーから処理に時間がかかっていると連絡を受けて対応することもあれば、管理者が自ら監視しているなかで、言われる前に割り当てを変更することもあります。もちろん、CPUが問題なければ、メモリ、ディスクなどの順に確認を進めていきます。

ヘルスチェックは**死活監視**などとも呼ばれますが、主な機器が正常に動作しているか確認をします。IoTシステムでもサーバーやネットワークについては同様の活動を行います。デバイスに関しては、IPネットワークに接続されている範囲であれば同じようにできますが、そうでない場合は別の手段を検討します。以下にまとめておきます。

### ▶ データ取得から送信までが正常なデータやタイミングで実行されていれば、「活きている」と判断する

この場合は万が一データが途切れたら障害発生と判断します。データが上がってきていても、センサーの不具合などに備えて、データの値そのものが異常値かどうかの判定を組み込むこともあります。

### ▶ サーバーやエッジ側から定期的に命令を発行してレスポンスを返してくるかどうかで死活を判断する

送信間隔が長いデバイスなどで検討される処理です。デバイスによっては、死活監視のソフトウェアが添付されているものもあります。

### ▶ 管理者が上記の処理などを必要なときに手動で実行する

意外にも現場では手動で行われていることも多いです。その理由は、残念ながら概要設計や詳細設計の時点で処理を失念したことによります。なぜ失念したかというと、IoTシステムを特別なものとして考えてしまうからです。

特別なものと考えると、特徴的な処理のほうに重点が置かれてしまって、情報システムとしての共通あるいは一般的な処理を忘れてしまうことがあるのです。特に小規模なシステムではこのようなケースが多く見受けられます。プロマネはできるだけ確認するようにしてください。

## デバイス管理の例

図11-3の画面はSigfoxのデバイス管理画面の例です。

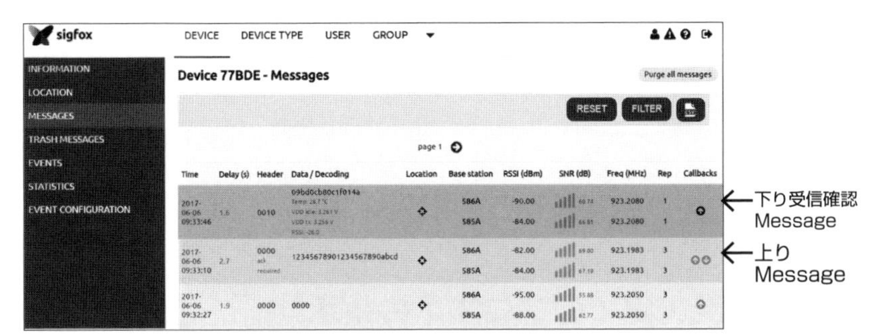


出典：京セラコミュニケーションシステム株式会社の提供資料

**◆図11-3　Sigfoxのデバイス管理画面の例**

デバイスの「77BDE」の下り受信の確認や上りメッセージの通信の状況、基地局、電波強度などが表示されて、一目で状態が把握できるようになっています。ネットワークやクラウドサービス事業者でおおむね同じような管理システムが提供されています。

## システムの追加・変更として行うこと

着実に運用期間や実績を伸ばす、システムの規模拡大を要請される、といった理由からソフトウェアの機能追加や変更などがあり得ます。バグの修正やOS、ミドルウェアなどのアップデートなどもあります。クラサバシステムであれば、変更手順書をもとに実施したか否かのチェックをして展開していきます。

デバイスによっては個々の機器のファームウェアを直接書き換えなければならないこともあります。その場合には誰がやるか、どれくらいの工数や時間を要するかを開発工程のなかで整理しておく必要があります。

## 障害対応として行うこと

障害はシステム自体が停止する、サーバーからエッジが見えない、エッジ側からサーバーが見えない、ネットワークそのものが通じていないなどのさまざまなケースがありますが、システムとして正常に機能しないことを指します。

クラサバシステム内では、ping、ipconfigといったコマンドなどで確認することも多いですが、デバイスごとに動作確認の方法が異なるので事前に手順書にまとめておく必要があります。

## 開発工程でのプロマネの指示

サーバーやネットワークの部分は従来型のシステムと特に違いはありませんが、デバイスの部分に関しては特別な気遣いが必要です。

プロマネの立場にある方は、デバイスの開発チームとともに、運用監視の可否と方法の確認、システム変更・追加の手順書の作成、障害の確認方法などを検討することを忘れないでください。

さらに、第7章以降で解説してきましたが、デバイスの性能やそれらの変化をどのように確認するかについても検討してください。取り組みの例は次のとおりです。

①デバイスの性能確認のプログラムを実装する。
②定期的に開発者や管理者が性能を確認するしくみを提供する。
③サーバー側のデータ分析などで予兆をつかめるようにする。

# 11.3 障害対応の方向性

システムの運用の品質を考えるときに、SLA（Service Level Agreement、サービス品質保証）は1つの基準として知られています。そのなかでも可用性と障害復旧時間は重要な指標です。先進的なシステムの現場では、障害復旧に関する考え方が変わってきています。

## SLAの指標

**SLA**は、日本国内ではサービスレベルを規定した契約書という狭義の意味とサービスレベルを体系的に示す活動という広義の意味の2つで使われています。日本企業の情報システムの運用において、半数程度が導入済みまたは努力目標として意識しているといわれています。業務システムの運用においてはSLAの存在は一般的になりつつありますが、多様な技術とシステムから構成されるIoTシステムとしては荷が重い存在です。

SLAでは主に2つの指標が使われています。

### ▶ 可用性

1つ目の指標が**可用性**です。システムを止めてはならないという前提の下での稼働時間をいいます。例えば、99%の稼働率を保証するのであれば、24時間・365日のなかで、止めることができるのは3日半程度となります。インターネット関連のサービスの場合は、99.99%という高い可用性を保証するサービスもありますが、その場合は止めることができるのは約1時間です。

### ▶保守性

2つ目が**保守性**です。システムに故障が生じてから復旧するまでの時間をいいます。**MTTR（Mean Time To Repair、平均復旧時間）**などが指標として使われます。例えば、障害発生から平均して1時間以内に復旧するなどを基準とします。

## 交換を急がないデバイスもある

IoTシステムのなかで、ネットワークやサーバーあるいはクラウドの部分に関しては従来型のシステムのノウハウを継承して運用することが可能です。可用性と保守性のいずれに対しても一定の目標に対してサービスの品質を守ることはできます。しかし、デバイスの場合は特に復旧に関して物理的に迅速な「交換」が可能なものを除くと、まだまだ整備されていないのが現実です。これは利用されている実績の数にもよります。

店舗でICタグを読み取って精算する、工場で部品の位置を確認するといったシーンでリーダライターに障害が発生した場合に、SLAに従うのであれば機器の交換ならびに交換後の設定やテストの方法などが手順書を通じて整備されています。

例のようにシステムが止まると精算ができなくて売上にならない、ラインがストップするなどの影響が大きい場合は、メーカーとの保守契約もされています。一方、近年導入が増えつつあるカメラや温度センサーなどでは、サイトに対しての設置数量が多い場合には、1つのデバイスに障害が発生しても、「1つくらい動かなくても仕方がない」という考え方で無理に交換を急がないのが多数派です。

## 使い捨ての発想

クラウドサービスもそうですが、大量のサーバーを動かしている大規模なデータセンターでは**性能管理を徹底して障害を未然に防ぐ**ようにしています。また、万が一そのなかのサーバーに障害が発生しても、稼働させたまま部品交換ができるシステムであることから、即時ではなく適当なタイミングで予備や新品のサーバーに交換するという運用になっています。

以前の情報システムは、メーカーと保守契約を結んで定期的に点検を受けて、障害の原因を究明して復旧するのが当たり前でした。近年の新しい情報システムのシーンでは、無理に復旧を急ぐのではなく業務を回せる環境を整備し、壊れたら予備機や新品に交換するという使い捨ての発想です。IoTシステムもこのような方向に進む可能性が高いです。

# 11.4 IoTシステムを最速で立ち上げる

迅速に立ち上がるようなIoTシステムであれば、運用管理も比較的容易にできるはずです。最も簡単で最も迅速に立ち上げるケースを検討してみるのは、IoTシステムと運用をあらためて考えるよい機会です。

## クラウド⇒ネットワーク⇒デバイスの順に考える

目指す業務やビジネスに近いアプリケーションが、クラウドサービスで提供されていればそれを使います。もしなければ、クラウド環境に自ら開発する業務アプリケーションを載せます。このときに留意するのは、ビッグデータなどの大量のデータ分析を利用する可能性があるかということです。

続いてネットワークです。これもクラウドサービスでの接続の実績があるサービスを優先して検討します。LPWAでもそのようなサービスがあります。

最後にデバイスですが、こちらもクラウドやネットワークのサービスに対して実績のあるものから優先して選定します。デバイスの場合は各種のセンサーも含めれば種類が無限にあるので、なかなか理想的には行きませんが探す努力を心がけます。

つまり、パズルを組み立てるかのようにさまざまなシステムとサービスのピースを選びます。具体的にはクラウド／サーバー、ネットワーク、デバイスからそれぞれのピースを選定します。

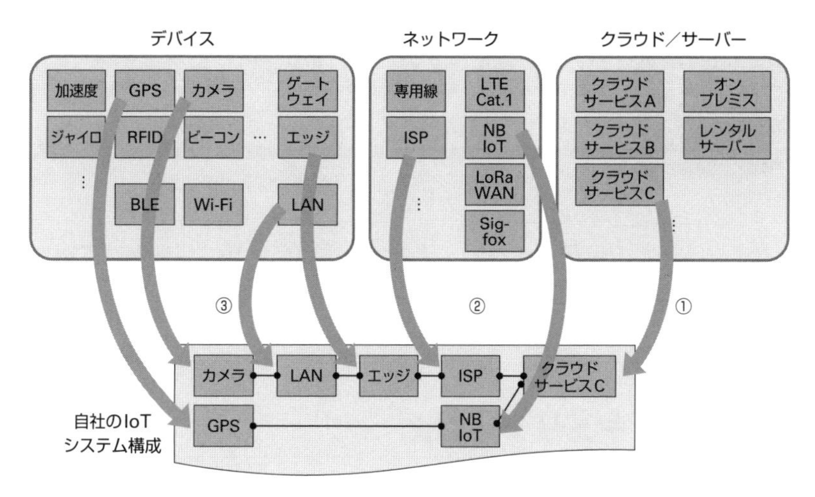


**◆図11-4　パズルを組み立てるようにIoTシステムを企画する**

最短・最速にこだわるのであれば、**①クラウドサービス**、**②ネットワークサービス**、**③デバイスの順**です。

## 運用管理の容易性

クラウドをインフラとして考えましたが、クラウドサービスの場合には運用管理もすでに定型化されているので、それに従って性能や死活管理をすればよいだけです。運用ならびに管理の容易性を考えるなら、ここまでのようなIoTシステムが最適です。

すでに存在している処理であれば既存のパズルのピースで充分であり、こだわる必要はありません。これから新たに企画するIoTシステムであれば、まずはこのような考え方もあります。

# 11.5 日本のセキュリティ対応

IoTシステムの普及とともに、そのセキュリティが注目を浴びています。海外で発生した深刻なセキュリティ事件や問題に端を発しています。日本国内でもすでに重要課題とされているテーマです。

## 国のセキュリティ対応

2019年2月に総務省と国立研究開発法人情報通信研究機構（NICT）から、**「IoT機器調査及び利用者への注意喚起の取組『NOTICE』」の実施**が発表されました。IoT機器を悪用したサイバー攻撃の増加へのセキュリティ対策を講じることを目的として、サイバー攻撃に悪用されるおそれのあるIoT機器の調査および当該機器の利用者への注意喚起を行う「**NOTICE（National Operation Towards IoT Clean Environment）**」を実施するというものです。

この取り組みでは、センサーやWebカメラなどのIoT機器は、機器の性能が限定されている、管理が行き届きにくい、ライフサイクルが長いなど、サイバー攻撃に狙われやすい特徴を持っているとし、セキュリティ対策に不備があるIoT機器は、マルウェアに感染しサイバー攻撃に悪用されるおそれがあるため、諸外国でのサイバー攻撃によるシステム障害などを踏まえて対策すべきとしています。

本発表の前に「**電気通信事業法及び国立研究開発法人情報通信研究機構法の一部を改正する法律**」が2018年11月に施行されていますが、IoTシステムのセキュリティに対して国を挙げて取り組んでいることがわかります。

##  IoT機器へのサイバー攻撃件数

総務省が検討を進めてきた**サイバーセキュリティタスクフォース**から2019年5月に「**IoTセキュリティ総合対策プログレスレポート 2019**」が発表されています。そのレポートのなかでは、NICTが運用するサイバー攻撃観測網**NICTER**によると、2018年に観測したサイバー攻撃関連の通信の約半数がIoT機器を狙ったものだったとしています。

図11-5のとおり、年間観測数は合計2,121億パケットに上り、1つの IPアドレスあたりに年間約79万パケットが届いた計算です。あくまでNICTERの観測範囲で日本全体の件数ではありませんが、急激に増えていることが想定されます。

**NICTERダークネット観測統計（過去10年間）**

| 年 | 年間<br>総観測パケット数 | 観測IPアドレス数 | 1IPアドレスあたりの<br>年間総観測パケット数 |
|---|---|---|---|
| 2009 | 約35.7億 | 約12万 | 36,190 |
| 2010 | 約56.5億 | 約12万 | 50,128 |
| 2011 | 約45.4億 | 約12万 | 40,654 |
| 2012 | 約77.8億 | 約19万 | 53,085 |
| 2013 | 約128.8億 | 約21万 | 63,655 |
| 2014 | 約256.6億 | 約24万 | 115,323 |
| 2015 | 約545.1億 | 約28万 | 213,523 |
| 2016 | 約1,281億 | 約30万 | 469,104 |
| 2017 | 約1,504億 | 約30万 | 559,125 |
| **2018** | **約2,121億** | **約30万** | **789,876** |

※年間総観測パケット数は、あくまでNICTERで観測しているダークネットの範囲に届いたパケットの個数であり、これを日本全体や政府機関への攻撃件数と考えるのは適切ではない

**◆図11-5　NICTERダークネットの観測統計**　（次ページに続く）

（続き）

**宛先ポート番号別パケット数分布（調査目的のスキャンパケットを除く）**

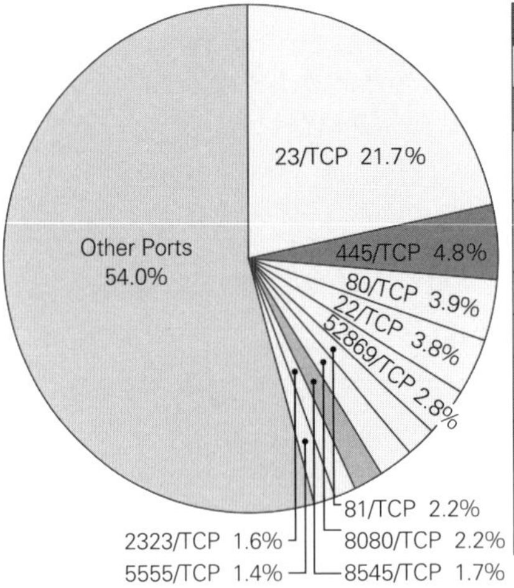

23/TCP 21.7%
445/TCP 4.8%
80/TCP 3.9%
22/TCP 3.8%
52869/TCP 2.8%
81/TCP 2.2%
8080/TCP 2.2%
8545/TCP 1.7%
2323/TCP 1.6%
5555/TCP 1.4%
Other Ports 54.0%

| ポート番号 | 攻撃対象 |
|---|---|
| 23/TCP | IoT機器（Webカメラなど） |
| 445/TCP | Windows（サーバーサービス） |
| 80/TCP | Webサーバー（HTTP）<br>IoT機器（Web管理画面） |
| 22/TCP | IoT機器（ルータなど）<br>認証サーバー（SSH） |
| 52869/TCP | IoT機器（ホームルータなど） |
| 81/TCP | IoT機器（ホームルータなど） |
| 8080/TCP | IoT機器（Webカメラなど） |
| 8545/TCP | イーサリアム（仮想通貨） |
| 2323/TCP | IoT機器（Webカメラなど） |
| 5555/TCP | Android機器<br>（セットトップボックスなど） |

出典：「NICTER観測レポート2018の公開」
https://www.nict.go.jp/press/2019/02/06-1.html

**◆図11-5　NICTERダークネットの観測統計**

## IoTセキュリティガイドライン

国の対応として最新状況を紹介しましたが、2016年7月にはすでにIoTセキュリティガイドラインが発表されています。経済産業省と総務省は、IoTを活用した革新的なビジネスモデルを創出していくとともに、国民が安全で安心して暮らせる社会を実現するために、IoT推進コンソーシアムの「**IoTセキュリティワーキンググループ**」を開催し必要な検討に取り組んできました。そこで策定されたのが、「**IoTセキュリティガイドライン Ver1.0**」ですが、そのなかのセキュリティ対策指針一覧は参考になります。

本指針には、IoTシステムの基本的なセキュリティ対策が盛り込まれています。続いて、一般的な業務システムとの関連でIoTシステムのセキュリティを見ていきます。

| 大項目 | 指針 | 要点 |
|---|---|---|
| 方針 | 指針1<br>IoTの性質を考慮した基本方針を定める | 要点1. 経営者がIoTセキュリティにコミットする |
| | | 要点2. 内部不正やミスに備える |
| 分析 | 指針2<br>IoTのリスクを認識する | 要点3. 守るべきものを特定する |
| | | 要点4. つながることによるリスクを想定する |
| | | 要点5. つながりで波及するリスクを想定する |
| | | 要点6. 物理的なリスクを認識する |
| | | 要点7. 過去の事例に学ぶ |
| 設計 | 指針3<br>守るべきものを守る設計を考える | 要点8. 個々でも全体でも守れる設計をする |
| | | 要点9. つながる相手に迷惑をかけない設計をする |
| | | 要点10. 安全安心を実現する設計の整合性をとる |
| | | 要点11. 不特定の相手とつなげられても安全安心を確保できる設計をする |
| | | 要点12. 安全安心を実現する設計の検証・評価を行う |
| 構築・接続 | 指針4<br>ネットワーク上での対策を考える | 要点13. 機器等がどのような状態かを把握し、記録する機能を設ける |
| | | 要点14. 機能及び用途に応じて適切にネットワーク接続する |
| | | 要点15. 初期設定に留意する |
| | | 要点16. 認証機能を導入する |
| 運用・保守 | 指針5<br>安全安心な状態を維持し、情報発信・共有を行う | 要点17. 出荷・リリース後も安全安心な状態を維持する |
| | | 要点18. 出荷・リリース後もIoTリスクを把握し、関係者に守ってもらいたいことを伝える |
| | | 要点19. つながることによるリスクを一般利用者に知ってもらう |
| | | 要点20. IoTシステム・サービスにおける関係者の役割を認識する |
| | | 要点21. 脆弱な機器を把握し、適切に注意喚起を行う |

出典：https://www.meti.go.jp/press/2016/07/20160705002/20160705002-1.pdf

**◆図11-6　IoTセキュリティガイドラインVer1.0のセキュリティ対策指針一覧**

# 11.6 セキュリティ対策の前提

IoTシステムのセキュリティは重要な課題ですが、その前に一般的な業務システムのセキュリティ対策はどのように考えられているかを確認しておきます。システムで何を守りたいのかに始まり、データの分類、セキュリティポリシーなどさまざまな検討がされています。

## 守りたいものとセキュリティ脅威

システムのセキュリティを考える際に重要なのは、何を守りたいかということです。端的にいえば**情報資産**です。

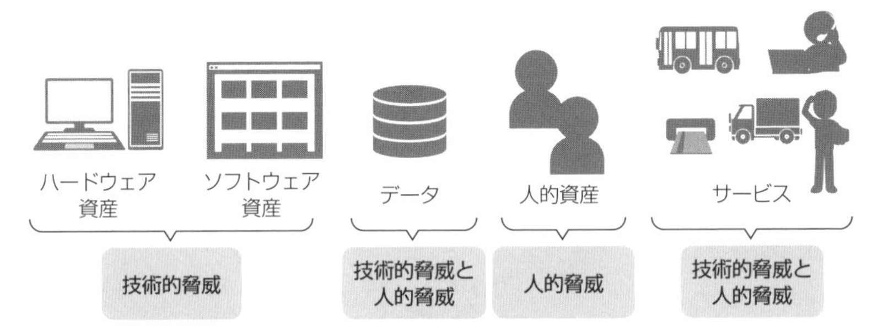


**◆図11-7　情報資産とセキュリティ脅威の例**

情報資産には、図11-7のようにシステムを構成するハードウェア資産とソフトウェア資産、システムのなかに存在するデータ、システムを取り巻く人的資産、システムが提供するサービスそのものや名声など、さまざまなものがあります。それぞれについてセキュリティ脅威が存在しています。

IoTシステムで守りたいものは、基本的に業務システムの情報資産と同じです。したがって同様の検討を行うべきです。IoTシステムで特徴的な部分があるとすれば、大量のデータ分析から導き出された結果、あるいは大量のデータを分析したからこそ得られる結果のデータなどがあります。しかし、それらもデータに集約されます。

## データの分類

セキュリティの脅威はさまざまですが、守るべきデータに関しても検討が進められています。企業や団体においてデータは、公開してもよい**公開情報**と公開してはいけない**秘密情報**とを明確に分類しています。

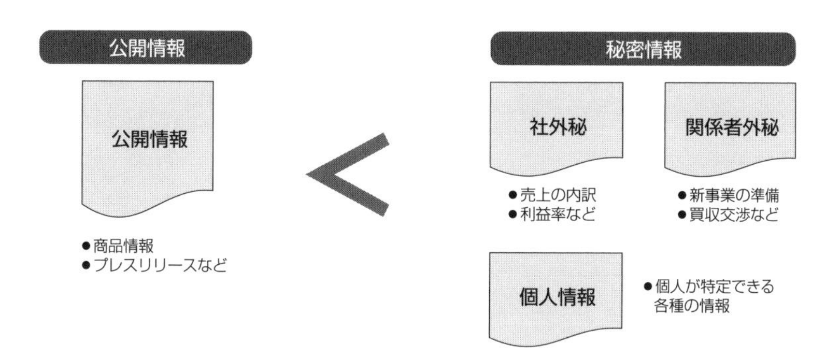


**◆図11-8　データの分類の例**

秘密情報に対しては、セキュリティ対策を施します。このような検討はIoTシステムであっても必ず行うべきです。例えば、単純に温度を測定しているだけであれば、近い場所で同じことをすれば誰でも同じようなデータを集めることができます。また外部に漏れたとしてもさほど問題はないでしょう。しかし、10.2節で解説したような温度変化への対応のノウハウは戦略的なデータですから、外部に知られることは避けなければなりません。

6.2節で解説したデータフローをサーバー側まで作成するとともに、本節のようなデータの分類による確認で見極めます。

## 情報セキュリティポリシーを構成する要素

**情報セキュリティポリシー**とは、企業や団体などの組織における情報セキュリティへの対策と方針、行動指針などを明文化してまとめたものです。**基本方針**、**対策基準**、**実施手順**のピラミッドで構成されます。

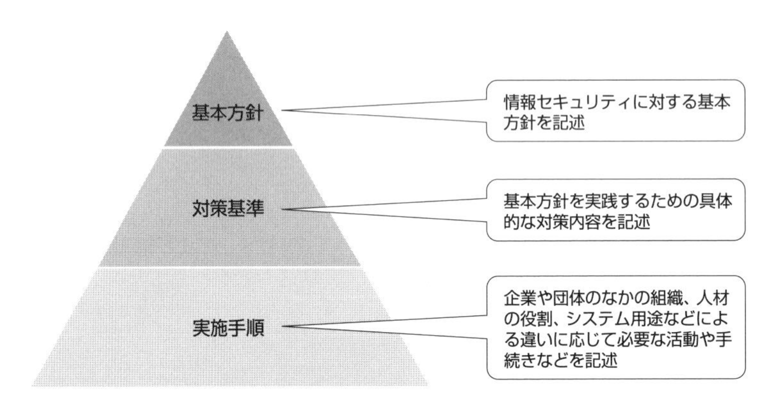


**◆図11-9　情報セキュリティポリシーの概要**

IoTシステムも企業や団体のなかの1つのシステムであることから、情報セキュリティポリシーに従った設計や運用は必須です。

## IoTシステムでも基本は同じ

ここまでを見ていくと、セキュリティに関してはこれまでの業務システムと同じような検討をIoTシステムに対しても行うべきということが理解できたかと思います。まずはそれを実行しているかどうかが重要です。過去に発生したIoTシステムのセキュリティ事件や事故を目にするたびに、業務システムと同じような検討や対策の実装がされていれば回避できたのではないかと感じます。

続いてセキュリティ対策そのものについて見ていきます。

# 11.7 セキュリティ対策

前節ではセキュリティ対策の前提を見てきました。本節ではそれらを踏まえた上でのセキュリティ対策について解説します。クラサバシステムで、クライアントや操作する人に対して万全の対策を目指すのと同様な取り組みをすれば、IoTシステムのセキュリティは堅固な対策になるでしょう。

## 業務システムのセキュリティ対策

IoTに比較的近いWebの業務システムを例として確認します。Webの業務システムでは主に図11-10のような対策が施されています。

| 対象 | セキュリティ脅威 | 対策例 |
|---|---|---|
| サーバーやネットワーク | 外部からの不正アクセス | • ファイヤーウォール<br>• DMZ<br>• 通信の暗号化<br>(• アクセス制御) |
| クライアント | 内部からの不正アクセス | • ユーザー管理<br>• アクセスログの確認<br>• デバイス操作の監視<br>• データの暗号化 |

※DMZは後述、( )内は一部のシステムや企業で施されている対策

◆図11-10　セキュリティ対策の例

##  サーバーやネットワークでの対策

Webシステムで代表的な対策としては、**ファイヤーウォール、DMZ（Demilitarized Zone、非武装地帯）、通信の暗号化**が挙げられます。

ファイヤーウォールは、企業や団体の内部のネットワークとインターネットとの境界で、通信の状態を管理してセキュリティを守るしくみの総称です。サーバー内にその機能を持たせる、専用のサーバーを設置するなどして機能を果たします。小規模なネットワークであればルータが代行することもあります。

DMZは内部ネットワークへの侵入を防ぐために、ファイヤーウォールと内部ネットワークとの間に緩衝地帯を設けます。

ファイヤーウォールの機能は、外部から内部に向けて増やしていく方法とエリアごとにソフトウェアで言葉や手順を変えて侵入を防ぐ方法などがあります。

通信の暗号化は、**SSL**に代表されるように、インターネット上で通信を暗号化して悪意のある第三者からの盗聴や改ざんを防止します。

ここまで挙げてきた対策は、大手のクラウドサービスなどでは確実に整備されています。また、自社でWebシステムを構築する際にも実装すべき対策です。

##  アクセス制御による対策

**アクセス制御**とは、近年、大手企業を中心に導入されつつあるしくみです。内部のネットワークへの侵入を防ぐだけでなく、ネットワーク内部のユーザーによるデータの不正流出などにも対応できる対策の1つです。

組織内のすべてのサーバーについて、ユーザーの認証からアクセスの実施までがセキュリティポリシーに従って行われているかを保証し確認するしくみです。ファイヤーウォールやSSLほどは知られていません。

図11-11でアクセス制御の例を見てみます。

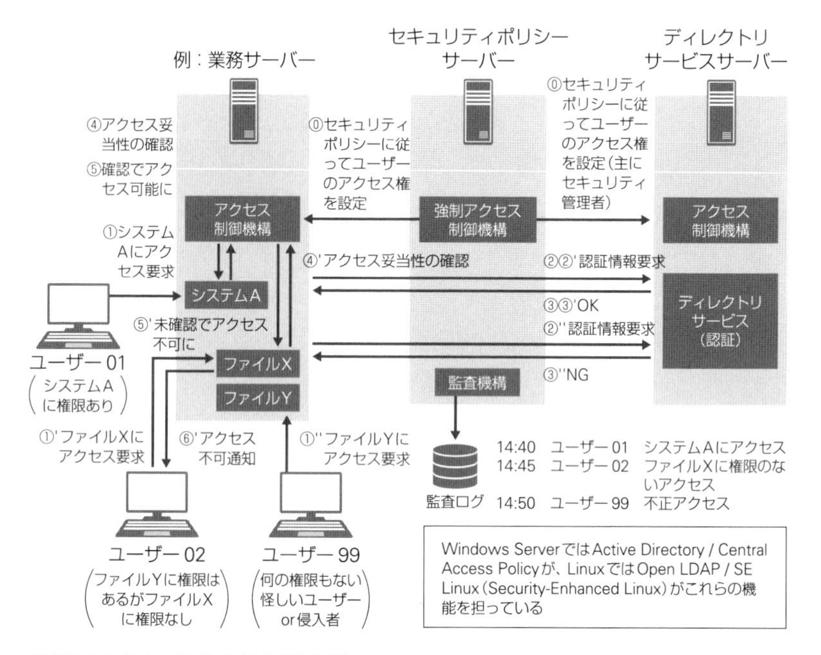


◆**図11-11　アクセス制御の例**

この例では業務システムのサーバーのほかに、セキュリティポリシーサーバーとディレクトリサービスサーバーをたててアクセス制御を管理しています。図のユーザー99は①"でファイルYにアクセスを要求して、②"を経て③"でNGとなるだけでなく、監査ログに不正アクセスとして残ります。

アクセスする情報の管理だけでなく、アクセス前のパスワードの設定に関するルールなど、入り口も含めて管理できることから、強固なセキュリティが実現できます。もちろん、実装するには各種の定義なども含めて相応な準備や工数は必要です。

## クライアントでの対策

クライアントの対策としては、アクセス権の設定に代表されるユーザー管理があります。例えば、Windows Serverではユーザーを、**フルコントロール**（ファイルの作成や削除ができる）、**変更**、**読み取りと実行**のように、グループ分けすることができます。企業や団体などで、幹部社員・管理職と一般社員、組織内の人材と組織外の人材などで権限を分けています。**ロールベースアクセス制御**とも呼ばれています。

これらのユーザー管理のもとにアクセスログの確認もされています。PCなどの操作の監視をすることもあれば、最近はUSBメモリなどの可搬記憶媒体（リムーバブルメディア）の接続を監視することもあります。アプリケーションやデータによっては、クライアントが作成または入力するデータを暗号化することが増えています。暗号化と複合化に同じ鍵を使う共通鍵暗号の方式の**DES（Data Encryption Standard）**や**AES（Advanced Encryption Standard）**などがありますが、主流は後者のAESです。

## IoTシステムのセキュリティ対策の基本

ここまでを踏まえると、サーバーやネットワークに関しての対策はIoTシステムでも業務システムと同様に施されるのが望ましいです。特に、近年導入が進みつつあるアクセス制御のしくみがあれば、不正な侵入をしたデバイスや、突如として動きのおかしくなったデバイスなども発見することができます。

デバイスに関してはIPアドレスの有無もあることから、クライアントPCとまったく同じことができるわけではありませんが、対策としてはほぼ同様です。データを作成したり取得したりするのが人であってもデバイスであっても、同じレベルで検討ができれば不幸な事故や事件は限りなく減らすことができます。

重要度の高いデータを扱うデバイスでは、データの暗号化のしくみも実装されています。既存システムの上に後から追加実装するRPAなどでさえも、データの暗号化の機能を有している製品もあるくらいですから、IoTシステムでもデータの暗号化は標準的なしくみとなっていくでしょう。

##  IoTシステムに特有の対策例

人が操作する業務システムでは実現できなくて、IoTシステムだからこそ実現できる対策もあります。例えば、人の場合にはICカードなどで本人確認や重要なデータへのアクセスが許可されますが、悪意のある人間がICカードとともにパスワードを盗み取ったときにはどうしようもありません。

IoTデバイスの場合には、出荷時に書き換え不可能なIDや暗号鍵を持たせることもできます。**セキュアエレメント**と呼ばれていますが、人の体にICチップを埋め込むという、海外で実装されているシステムと同じような強固なレベルのセキュリティが実現できます。

また、**セキュアブート**と呼ばれるファームウェアが持っている電子署名を認証できた場合にのみデバイスが起動するしくみの研究も進められています。

さらに、データの取得後に独自の暗号化を実行するデバイスもあります。こちらは実装されているデバイスもありますが、AESの128bitや256bit、あるいは独自のアルゴリズムなどです。

##  IoTシステムでも基本に忠実に

ほかにも特有の機能を持つデバイスもありますが、いずれにしても業務システムで培われてきたセキュリティ対策を同じように検討して、IoTシステムに対策を施してください。サーバーやネットワーク部分は

基本的に変わりませんが、確認として「デバイスを人やクライアントに置き換えて考えてみる」ことです。データの内容や取得する状況を勘案して必要な対策は実装し、必要でなければ見送ればいいのです。例えば、ログイン認証にIDやパスワードを使うのであれば、人間と同じように3カ月や6カ月で変更するといった対策です。もちろん、前節までのような基本的な検討も必要です。

なお、一部にはデバイスのセキュリティは捨てるという発想もあります。IPネットワークに入って以降にセキュリティ対策を施すという考え方です。デバイスの数が膨大でさらに増えていく状況であれば、このような割り切りもあり得ます。

## セキュリティ対策のチェック

抜けや漏れを防ぐために、簡単なイラストやシステム構成図にセキュリティ対策の有無の付箋を貼るようにして確認してみます。

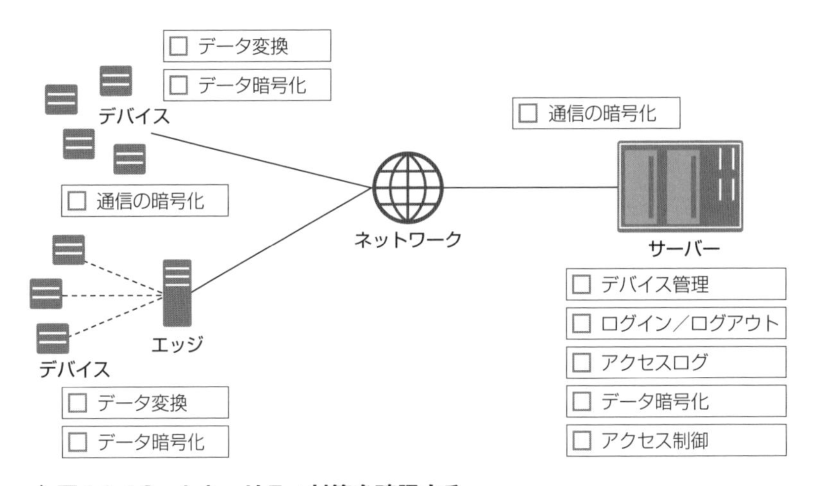


◆図11-12　セキュリティ対策を確認する

データの入り口や出口ではデータの変換や暗号化、ネットワークでは通信の暗号化、クラウドやサーバーではデバイス管理やその他の対策など、システムの各ブロックの上に付箋を貼るようにして漏れがないかチェックします。現実の漏れとしてたびたびあるのは、デバイス側でのデータの暗号化です。さらに、必要な場合には上り下りなどのデータ送受信の方向にも留意して検討を進めてください。上り方向だけでなく下りのセキュリティも重要です。

## セキュリティを考えたネットワーク構成

デバイスやネットワークに関してのセキュリティで、ネットワークやクラウドサービス事業者から提供されているもので実際によくあるのは、以下のような対策です。

- データの暗号化：AES-128 やAES-256
- デバイスとネットワーク間通信の暗号化：HTTPS、MQTTS、独自プロトコル
- クラウドとネットワーク間通信の暗号化：VPN、専用線

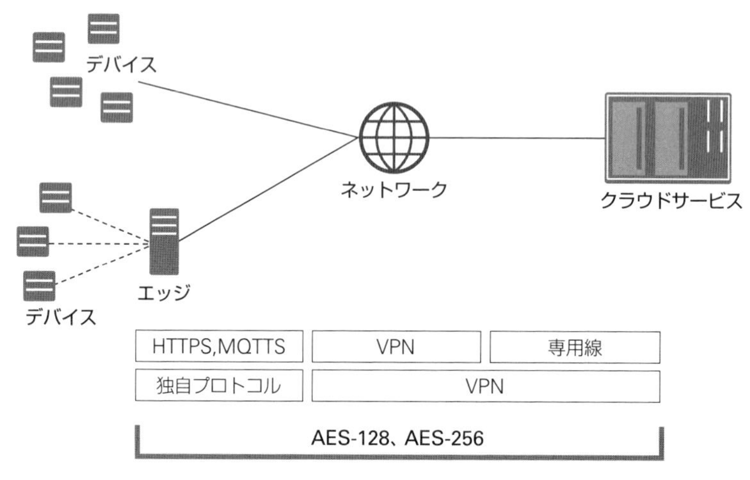


◆図11-13　デバイスやネットワークのセキュリティの対策例

デバイスからクラウドまではおおむね共通化されたセキュリティ対策となりつつあり、データや状況に応じてパズルのピースを選択するようになっています。そのような意味ではセキュリティレベルの高い業務システムとほとんど変わらない状況になりつつあります。

## サーバー側でのセキュリティ

サーバー側ではまだまだ共通化あるいは一般化されつつあるとはいえません。確かに一般化されると攻撃もパターン化しやすくなることから、セキュリティ脅威に対しては現状のようにサービス提供者や構築する企業で異なっているほうがよいのかもしれません。

サーバー側では**個々のデバイスのプロフィールの登録と管理**、**デバイス固有のIDの認証**、**データトランザクションのID管理**、**アクセスログの保持**、**下りデータの暗号化**、**アクセス制御**などの対策があります。デバイスや通信モジュールに、製造段階から固有のIDと暗号化に使われるキーが保持されていれば、一層強固な対策となるでしょう。

なお、セキュリティの観点からは、サーバーやネットワークを新たに開発するよりも、対策が施されているシステムやサービスを利用するほうが確実といえます。

サービスの利用、既存の社内のインフラの活用、新規の開発のいずれを選択するにしても、セキュリティで実績のあるシステムを活用することをお勧めします。

# おわりに

ここまで、IoTシステムの企画・開発のプロジェクトをテーマとして解説を進めてきました。

現在の情報通信技術と今後の進歩からすれば、さまざまなデバイスを活用した動的なシステム、クラウドやネットワークサービスを利用した柔軟で自由度の高いシステムは一層増えていくでしょう。

IoTシステムは現在の最新の業務システムであるともいえますが、まもなく、各種デバイスやAIの活用やビッグデータ分析なども含むシステムが多数派となり、従来型の業務システムは少数派となる時代が到来するかもしれません。

最後に、IoTシステムに携わる皆さんに是非とも意識していただきたいポイントが2つあります。

**(1) IoTを特別な技術やシステムとは考えない**

IoTシステムは多様で新しいので、難しいと感じることもあるかもしれませんが、基本的な部分を押さえて臨めば決して難しいシステムではありません。

従来型のシステムの延長線上に存在するので、確認すべきポイントや取り組みに大きな違いはありません。

**(2) 新たに実現したいことや業務ならびにビジネスを深く理解して、人間の能力や既存のシステムでは到達できなかった高みを目指す**

ここにこそIoTシステムの価値があります。そして、IoTの次に来るシステムにつないでいただきたいのです。

本書の執筆には、田原幹雄さん、中村一貴さん、植村潤一さん、加藤丈治さん、堀口学さん、そのほか、IoTシステムに関連するビジネスを手がけている多くの企業の方々にご協力いただきました。また、本書の企画から刊行まで翔泳社編集部に全面的にバックアップしていただきました。改めてお礼申し上げます。

読者のみなさまがIoTシステムに携わる際、本書をガイドとして役立てていただければ幸いです。

2020年1月　西村泰洋

# INDEX

## 数字


3階層のモデル ………… 5
3角測量 ………… 219
3点測量 ………… 219
5階層のモデル ………… 6
7階層のモデル ………… 7


## A


ACK ………… 196
AES ………… 297
AI ………… 24, 108, 225, 254
AIスピーカー ………… 82
Apache Spark ………… 234
API ………… 228
APT ………… 257
Arduino ………… 56


## B


BI ………… 216
BLE ………… 22, 67, 98, 100, 193, 196
Bluetooth Low Energy
　………… 22, 67, 98, 100, 193, 196
BPMS ………… 153


## C


CAGR ………… 217
$CO_2$センサー ………… 84
CSV ………… 110


## D・E


Debian ………… 255
DES ………… 297
DMZ ………… 295
Docker ………… 235
Elasticsearch ………… 235


## G


GitHub ………… 257
Google Wifi ………… 122
GPSセンサー ………… 65


## H


Hadoop ………… 234
HSVモデル ………… 81
HTTP ………… 96


## I


IaaS ………… 158
iBeacon ………… 67
IDC Japanの市場予測 ………… 19
IoT World Forum ………… 7
IoTシステム
　── の3つのブロック ………… 2
　── の実装形態 ………… 15
　── の典型的な処理 ………… 150
　── の特徴 ………… 4
　── を構成するもの ………… 2
IoTセキュリティガイドライン ………… 288

IoTデバイスの比較 ……… 37
IoTの対象 ……… 132
IPv4 ……… 93
IPv6 ……… 95
IPアドレス ……… 93
ISDN ……… 93

J

Janome ……… 235
JSON ……… 110, 210

K

KGI ……… 127
Kibana ……… 235
KPI ……… 127
KVS ……… 213

L

LBT ……… 102
LOI ……… 251
LoRaWAN ……… 114, 120
LPWA ……… 98, 112, 114, 163
LTE ……… 113
LTE Category 1 ……… 114
LTE-M ……… 114

M

MACアドレス ……… 93
mbed ……… 56
MeCab ……… 235
MESH ……… 87
micro:bit ……… 87
MongoDB ……… 235
MOU ……… 251
MQTT ……… 97
MTTR ……… 282
MySQL ……… 235

N

NB-IoT ……… 114
NDA ……… 250
NICT ……… 221, 286
NICTER ……… 287
NoSQL ……… 213
NTP ……… 221

O

OpenCV ……… 25, 257
OSの選択 ……… 168

P

PaaS ……… 158
pingコマンド ……… 191
PoC ……… 42, 43
―― の検証項目 ……… 242
―― の準備 ……… 244
―― のスケジュール ……… 243
―― の目的 ……… 238
POP3 ……… 96
PostgreSQL ……… 235

R

R ……… 235
Raspberry Pi ……… 56, 254

Raspbian ………… 255
RDB ………… 213
Redis ………… 235
RFID ………… 73, 99, 101, 195, 200
Riak ………… 235
RS-232C ………… 103
RSSI ………… 47, 68

## S

SaaS ………… 158
Sigfox ………… 117, 224, 279
SLA ………… 281
SMTP ………… 96
Sphinx ………… 235
SSH ………… 256
SSL ………… 295

## T

TCP/IPプロトコル ………… 92, 96
TCPプロトコル ………… 97

## U

UDPプロトコル ………… 97
UNISONet ………… 78
USB ………… 103

## V－Z

VPN ………… 98
WAN ………… 92
XML ………… 110
Zigbee ………… 77

## あ・い

アクセス制御 ………… 295
アクティブタグ ………… 75
アジャイル ………… 39
アマゾンAWS IoT ………… 171
移動平均 ………… 218

## う

ウォーターフォール ………… 39
運用監視 ………… 152, 274, 277
運用管理 ………… 274, 277, 285
運用テスト ………… 39, 248

## え

影響度 ………… 275
影響範囲 ………… 275
影響分析 ………… 275
エッジ ………… 4, 58, 98, 106, 112, 151, 210, 261

## お

オープンデータ ………… 225, 228
音響認識 ………… 82
温湿度センサー ………… 35, 84, 271
音声認識 ………… 82

## か

回帰分析 ………… 217
概念実証 ………… 42
画角 ………… 79, 268
角速度センサー ………… 64

加重平均 ………… 216
カスケード型分類器 ………… 257
画像認識 ………… 24, 79
加速度センサー ………… 63
可用性 ………… 281

## き

機械学習 ………… 26
技術基準適合マーク ………… 142
キャリアセンス ………… 101
キャリブレーション ………… 231
業務での性能 ………… 249
業務分析 ………… 40

## く

クライアントサーバーシステム ………… 11, 92
クレンジング ………… 205

## け

経営目標達成指標 ………… 127
ゲートウェイ
………… 4, 58, 98, 100, 104, 110
結合テスト ………… 39, 248
現場の性能 ………… 245, 247, 249

## こ

公開情報 ………… 251, 291
国立研究開発法人情報通信研究機構
………… 221, 286
コマンド最適化 ………… 204

## さ

サーバーの性能見積もり ………… 159, 231
サービス品質保証 ………… 281
サイバー攻撃 ………… 286
サイバーセキュリティタスクフォース
………… 287
最頻値 ………… 216

## し

死活監視 ………… 278
時刻の同期 ………… 221
システム化
── 計画 ………… 40
── 構想立案 ………… 40
── の目的 ………… 127, 262
システム企画 ………… 31, 40, 44, 45, 124
システム企画書 ………… 124
システムテスト ………… 39, 248
システムの追加・変更
………… 274, 277, 279
システム保守 ………… 274
実証実験 ………… 42
ジャイロセンサー ………… 64
重要業績評価指標 ………… 127
受信器 ………… 67, 184, 187, 201, 219
出力制御 ………… 200
障害対応 ………… 274, 280, 281
情報セキュリティポリシー ………… 292
人工知能 ………… 24, 108, 225, 254
振動センサー ………… 64
心拍数センサー ………… 86

## す

スケールアウト ……… 210
スケールアップ ……… 210
素の性能 ……… 182, 245, 247, 249
スペクトラムアナライザ ……… 183

## せ

性能管理 ……… 274, 277
セキュアエレメント ……… 298
セキュアブート ……… 298
接続シーケンス ……… 192

## そ

相関 ……… 217
増減率 ……… 216
ソフトウェア最適化 ……… 203

## た

体温センサー ……… 86
単純平均 ……… 216

## ち

チェックリスト ……… 144
中央値 ……… 216

## つ

通信間隔 ……… 203
通信距離 ……… 99, 182, 200
通信速度 ……… 99
通信の暗号化 ……… 295
通信モジュール ……… 105

## て

ディープラーニング ……… 24
データ
　── の圧縮・軽減 ……… 206
　── の形式 ……… 110, 205
　── の欠損対策 ……… 206
　── の集約 ……… 35
　── の取得 ……… 35, 60
　── の整形 ……… 205
　── の送受信 ……… 96, 192
　── の送信 ……… 35
　── の入力 ……… 13
　── の分析 ……… 150, 216
　── の変換 ……… 110, 205
　── の保管 ……… 151
　── の補正 ……… 206
　── フロー ……… 154
　── を捨てる ……… 47
デバイス
　── 仕様表 ……… 271
　── の革新 ……… 21
電源の確保 ……… 140
電波暗室 ……… 182
電波強度 ……… 47, 68, 71, 219
電波の干渉 ……… 100

## と

動作温度 ……… 141
ドキュメント指向 ……… 213
特徴量 ……… 25
トライアル ……… 42

## な－の

日射センサー …… 85, 271
ヌルポイント …… 202
年平均成長率 …… 216

## は

ハードウェア最適化 …… 200
バグ対応 …… 274
パターン認識 …… 24
パッシブタグ …… 76
発信器 …… 67, 184

## ひ

ビーコン …… 18, 47, 67, 197
ビジネス企画 …… 40, 50
ビッグデータ …… 234
非武装地帯 …… 295
秘密情報 …… 157, 251, 291
秘密保持契約 …… 250

## ふ

ファイヤーウォール …… 295
プログラム単体テスト …… 248

## へ・ほ

ペアリング設定 …… 194
平均復旧時間 …… 282
ヘルスチェック …… 152, 277
保守性 …… 282

## ま－も

マイクロソフトAzure IoT …… 171
無線局申請 …… 142
メジアン …… 216
メッシュWi-Fi …… 121
モード …… 216
目標・施策ツリー …… 128, 263

## や－ろ

ユビキタス環境情報システム …… 267
リソース監視 …… 152, 277
リトライ制御 …… 203
リファレンスモデル …… 7
レイテンシー …… 190, 224, 247
レスポンスタイム …… 187
レベルアップ・機能追加 …… 274
ロールベースアクセス制御 …… 297

**著者プロフィール**

**西村 泰洋**（にしむら・やすひろ）
富士通株式会社 フィールド・イノベーション本部 ヘルスケアFI統括部長
IoTシステムを中心にさまざまなシステムと関連するビジネスに携わる。
情報通信技術の面白さや革新的な能力を多くの人に伝えたいと考えている。
著書に『図解まるわかり サーバーのしくみ』『絵で見てわかるRPAの仕組み』（以上、翔泳社）『デジタル化の教科書』『図解入門 最新 RPAがよ～くわかる本』（以上、秀和システム）などがある。

装丁・本文デザイン　冨澤崇
DTP　株式会社 シンクス

**IoT（アイオーティー）システムのプロジェクトがわかる本**
**―企画・開発から運用・保守まで―**

2020年1月23日 初版第1刷発行

著者　西村 泰洋
発行人　佐々木 幹夫
発行所　株式会社 翔泳社(https://www.shoeisha.co.jp)
印刷・製本　株式会社 廣済堂


本書へのお問い合わせについては、iiページに記載の内容をお読みください。
落丁・乱丁はお取り替えいたします。03-5362-3705 までご連絡ください。
ISBN 978-4-7981-6371-0　Printed in Japan